生命倫理再考　―南方熊楠と共に―

唐澤太輔 著

ヌース学術ブックス

第１回
序

ヒトゲノム情報の解読が進み、遺伝子診断などによって将来発症するであろう「病」を事前に知ることが可能になりつつある。近年、受精卵（初期胚）に身体の様々な部分に分化する「基」があることが分り、「ES細胞（万能細胞）」が作成された。さらに万能細胞の基礎研究は進み、今では受精卵を使用しない万能細胞＝「i-ps細胞」の作成にも成功している。

「遺伝子診断」「ES細胞」「i-ps細胞」……このように、近年における生命科学分野の発展は目覚ましい。今後これらは「高度医療技術」として社会を支えていく基盤の一つとなることは間違いないであろう。

「生命」は、人間によって操作することが可能な対象となった感がある。生命現象は、「神の領域」における事柄ではなくなってしまったかのように見える。そこへ踏み込んだ我々は、もう後戻りすることはできない。人間はどこまでも進み続けるに違いない。「生命」は、もはや我々人間の手中にあるかのようだ。

では、本当に我々は「生命」を完全に知ることができるようになったのか。あるいは、今の生命科学の方法によって、いずれ「生命」を完全に捉えることができるようになるのか。――答えは「否」である。

生命科学は「生命」の各構成部分を観察し、「分析」することを目的とする。しかし、それらがバラバラの状態で示している特性を組み立て直しても、我々は「生命」を完全に理解することは決してできない。端的に言えば、「全体は部分の総和以上のもの」だからだ。その現象の過程や構成要素を分析したところで、「生命そのもの」の意味や、その価値について答えることなどできないのだ。

我々現代の人間は、「視覚」を重要視し対象を観察する。そして、対象をバラバラに分断し、分析あるいは数値化する。また、これが生命科学の特徴であると共に、最大の問題点でもある。「対象を客観的に合理的に分析して捉える」、そのような方法を絶対視することは、いずれ（今以上に）人間性を無視した医療へとつながるであろう。このような生命科学の在り方を乗り越える方法の模索こそ、我々の最重要課題である。

現在の生命科学を絶対視することは、危険である。それは「生命」を、生命科学という囲いの中に隔離することになる。「生命」とは何か、あるいは「生命そのもの」とは何かを知りたい――それは我々人間としての欲求でもある。「生命」を知ることは、生命科学の牙城ではない。超高性能な顕微鏡やスーパーコンピュータによってのみ「生命」を知ることができるわけではない。そのような方法以外でも、深く「生命」を知ることは可能なのである。機械には真似のできない、人間による「生命」へのアプローチ方法、これを考えることは、決して生命科学にとって「停滞」でも「後退」でもない。新たな一歩なのである。では、人間による「生命」へのアプローチとは一体何なのか。深く「生命」を知るとはどういうことなのか。

かつて、それを実践し示してくれた人物が、日本にはいた。南方熊楠（みなかたくまぐす）（1867 ～ 1941 年）である。熊楠――「熊（動物）」と「楠（植物）」といういかにもパワフルな名を持つこの人物の残した業績は多岐に渡る。その中でも特に、「粘菌」という不思議な生命体の研究をしたことでよく知られている。日本民俗学の父・柳田國男（やなぎだくにお）（1875 ～ 1962 年）をして「日本人の可能性の極限」とまで言わしめた人物でもある。熊楠は、粘菌研究以外にも、民俗学・人類学・説話学などあまりにも多岐に渡る業績を残した。8～9カ国語を解する語学の天才でもあり、各国の民俗・文化を渉猟し、おびただしい数の論考を書いた。一方、夢や幽霊などにも強い関心を示した。彼による神社合祀反対運動は、日本における「エコロジー」運動の先駆とも言われている。また、本書でもとり上げる「南方曼陀羅」の思想には、非常に興味深いコスモロジーが隠されている。彼は、「生命」を深く考え続けた知の巨人であった。

筆者は、熊楠による生物に対する観察姿勢・方法に、現代の生命科学を超克するためのヒントが隠されているのではないかと考えている。この稀代の天才の「対象へのアプローチ方法」とはいかなるものであったのか。それを考察することは、我々にさまざまな示唆を与えてくれるはずである。

熊楠の観察方法とはいかなるものであったのか、「粘菌」研究などを通じて紡ぎ出していった彼の生命観とはいかなるものであったのか、それがどのようにして現在の生命科学の方法の超克となり得るのか。本書の射程はこれらの問いにある。

※本書は、2009年8月～2014年10月までweb雑誌『ロゴスドン』で連載した「生命倫理再考」（月1回）に若干の加筆修正を施したものである。

目次

第2回

生命倫理学とバイオエシックス（bioethics）

「生命倫理学」とは、「バイオエシックス（bioethics）」の訳語である。「バイオエシックス」と聞くと、普通、生命科学あるいは高度医療の技術的な問題点を、特に法律・政策の側面から浮き彫りにするというようなイメージを持つのではないだろうか。それは筆者だけのことであろうか。つまり筆者の中では、「バイオエシックス」とは、現行の生命・医療技術の穴（問題点）を見出し、それを改善すべく新たな規制のあり方を提示しようとするものという認識がある。生命科学における、人体への危険性を示し、広く議論を呼びかける——それは非常に大事なことではある。しかし、本書で筆者が目指す処とは異なる。筆者は、「生命」に関する事柄をさらに根底から、基層から、見つめ直したいと考えている。

最初に、筆者の考える「生命倫理学」とはどのようなものなのかをここで示しておきたい。

まず「倫理学」とは、「間柄」から自他の在り方を問う学問である。そして「生」と「死」を考察する学問が「生命学」である。つまり、「生命倫理学」とは、自己と他者との関係を通して「生命」（の全体性）を捉える学問なのである。

「生命」とは何なのか。そもそもこれを問わずして「バイオエシックス」を考えることは不可能ではないだろうか。表層的な議論になりはしないだろうか。「生命」——それは、「生きていること」のみを指すのではない。「死」をも含めて「生命」である。「死」がなければ「生」はあり得ない。「死」がなければ、我々は「生きていること」さえ感じることはできない。「生」と「死」は区別されつつも、決して完全に断絶したものではない。それらを鑑み、本書ではこれから、「生と死」ではなく、「生ー死」という語を用いたい。

「自己」は「自己」だけで在ることはできない。「自己」とは区別された「他者」がいて初めて「自己」たり得る。そして「自己」は、「他者」と区別されて在りたいと願いつつも、時にその「他者」との一体化を望む。

同様に、「生」は「死」があってこその「生」である。勿論、逆も然りである。「生」と「死」は区別される。しかし、我々「生（者）」は「死（者）」について必死で考える。それは、言ってみれば、「生」が「死」を求めていることを意味する。「死」を取り込もうとしているのだ。逆に「死（に瀕している者）」は「生」を必死に求める。「生」を何とか取り戻そうとする（たとえ不治の病において、意識では「もう死んでしまいたい」と思っても、肉体は最後の最後まで「生」を求め戦おうとする）。このような在り方は、「生」と「死」がもともとは「一つのもの」だからではないか。「一つのもの」――それが「生命」である。

「生命（一つのもの、統一）」は「生」と「死」に区別される。しかし区別されながらも、両者は「一つのもの」へ戻ろうと願う。また「一つのもの」があるからこそ区別は生まれるし、区別があるからこそ「一つのもの」はあり得る。

「生命倫理学」とは、「生」のみを考えるものではない。「死」のみを考えるものではない。それは、「自己－他者」から「生－死」を考える学問であると言える。

筆者は〈序〉において、南方熊楠の生命体へのアプローチを今後述べていくと予告した。特に前半は、熊楠と「粘菌」との関係を中心に論を進めていきたいと考えている。「粘菌」とは、動物と植物の性質を併せ持つ不思議な生物である。熊楠は「動物－植物」である「粘菌」にどのような方法でアプローチしていたのか。今後、「自己（熊楠）－他者（粘菌）」の概念を用いて、それを解き明かしていく。

筆者が考える「生命倫理学」は、これまでの、いわゆる「生命倫理学（bioethics）」の概念とは多少異なるものかもしれない。しかし、だからこそ本書の題名は「生命倫理再考」なのである。そして「熊楠—粘菌」は、筆者の言う「生命倫理学」を最も強力に支えてくれるものであると考えている。

第３回
粘菌とは (1)

粘菌は原形体（変形体）と、子実体と呼ばれる時期を持つ。原形体はアメーバ状になり非常にゆっくりではあるが動き、そしてバクテリア等を捕食する。一定の栄養を蓄えると捕食を止め、子実体へと変化する。子実体はキノコのような形状であり、胞子を飛散させる。その胞子から遊走子が出て、それらは集まり再び原形体となる。つまり粘菌とは動物と隠花植物両方の性質を持ち合わせた非常に不思議な生物なのである。南方熊楠は、生涯を通じてこの粘菌を研究し続けた。それは彼が「熊楠」という名前を授かったときに、もはや運命付けられていたのではないか、という気さえしてくる。動物的生命を表す「熊」と、植物的生命を象徴する「楠」。その両者が合わさった存在者が「熊楠」であった。その彼が、動物的性質と植物的性質を併せ持つ「粘菌」を研究対象に選んだのには何か因縁のようなものを感じざるをえない。

熊楠が粘菌に関心を持った当時の生物学では、生物を動物と植物の二界に分け、菌類は植物の一部とし、これらも「隠花植物」と呼ばれていた。そして粘菌は、菌類に組み込まれていた。1858 年にアントン・ド・バリー（Heinrich Anton de Bary 1831 〜 1888 年）が、粘菌の動物性に着目し「動菌類（Mycetozoa）」という名前を考え出している。

> 右菌類に似たもので Mycetozoa と申す一群、およそ三百種ばかりあり。これははなはだけしからぬものにて、幼時は水中を動きまわり、とんぼがえりなどし、追い追いは相集まりて痰のようなものとなり、アミーバのごとくうごきありき、物にあえばただちにこれを食らう。然るのち、それぞれ好き好きにかたまり、いろいろの菌の

ものとなり、いずれもたたくときは煙を生ず。これは砕けやすくして保存全(すべ)きことは望むべからず。しかし不完全でもよし。
紙につつみ保存下されたく候。饅頭のごとき形にてはなはだ大なるものあり。Fries 以下この種を菌なりと思い、植物中に入れしが、近来は全く動物なることという説、たしかなるごとし。

（1892.6.21 羽山蕃次郎宛書簡　平凡社『南方熊楠全集 7』p.97 〜 p.98 以下『全集』とする）

これは、熊楠による粘菌に関する最初の記述である。当時アメリカを遊学していた熊楠が、日本にいる友人・羽山蕃次郎に粘菌の採集を依頼した書簡である。

粘菌という名は廃止したきも、日本では故市川延次郎氏がこの語を用い出してより、今に粘菌で通り、新たに菌虫などと訳出すると何のことか通ぜず、ややもすれば冬虫夏草などに誤解さるべくもやと差し控いおり候。

（1926.11.12 平沼大三郎宛書簡『全集 9』p.456）

熊楠は「粘菌」という言葉を廃止し、「菌虫」＝ミケトゾア（Myceto〔菌〕＋ zoa〔動物〕）の名前を使用したかった。熊楠は、粘菌の性質上、最も重要である「動物的要素」を無視したような「粘菌」という名前に疑問を感じざるを得なかったのだ。

今粘菌の原形体は固形体をとりこめて食い候。このこと原始動物にありて原始植物になきことなれば、この一事また粘菌が全くの動物たる証に候。

（1926.11.12 平沼大三郎宛書簡『全集 9』p.457 〜 p.458）

つまり熊楠は大胆にも、粘菌を「動物」だと主張したのだ。事実、昭和天皇に粘菌の標本を謙譲した際、表啓文の冒頭で「粘菌の類たる、原始動物の一部に過ぎずといえども……」と記している。当時の生物界が、その分類に迷っていたときに、熊楠は粘菌を「動物」だと言い切ったのである。

この「原始動物」という語をめぐり、熊楠は服部広太郎という宮内省・生物学御用掛と論議を交わしている。服部は「原始動物」という表現は時期尚早ではないか、むしろ「原始生物」くらいにとどめておいた方がよいと主張したのである。それに対し、熊楠は「依然原始動物で押し通すべし」と言って猛反対した。どうして熊楠はここまで粘菌の持つ「動物性」にこだわったのであろうか。

第4回

粘菌とは(2)

熊楠は、粘菌がはたして動物なのか植物なのかで揺れていた時代、「原始動物で押し通すべし」と主張した。これは、アカデミックな世界におけるしがらみをほとんど持っていなかった在野の研究者ならではの大胆な発言だったようにも感じられる。しかし熊楠も、粘菌が非常に複雑な生態を持つ生物であることは重々承知していた。

> 粘菌 mycetozoa と申し、動物とも植物とも分からぬ微細の生物にて、世界中に二百五十種未満存するものを、小生の発表以前に、本邦よりは十八種しか知れおらず。
>
> (1911.5.25 柳田國男宛書簡『全集 8』p.32)

上記書簡のように、熊楠にも、それが微妙な生物であることは当然分かっていた。しかし、彼は粘菌が動物性を持つという点にこそ重要な意味があると考えたのだ。

粘菌の原形体に限らず生命体には、他のあらゆる生命体・環境と共存し、全体の循環の中で「生—死」を全(まっと)うする本能がある。それと同時に、自分が生き延びるためには、他者を貪欲なまでに利用し、搾取(さくしゅ)し、食い尽くそうとする本能もある。この、生命体における「欲望」とでも言うべき本能は、決して無視することはできない。その貪欲な欲望に目を閉ざしたまま、現代の科学技術を批判することは簡単なことである。近代科学批判や、「自然と人間の調和」や「精神と肉体の合一」などホーリスティックな、あるいはニューエイジサイエンス的なスローガンは、確かに心地よく聞こえる。しかし例えば、人間には「他者の臓器を貰ってでも生きたい」という欲望があるのも事実だ。そうでなければ、ここまで移植医療は発展してこなかったであろう。

我々には、「他者」と合わさり（「他者」へ入り込み）一つになりたいと思う一方で、「他者」を「捕食」してまで自分は生き延びたいという本能がある。互いに対立するように見える両者が合わさって、我々人間は生きている。

つまり、ここで言う粘菌の「動物性」にこそ、生命体の欲望という我々が最も考察すべき点があるのではないだろうか。熊楠はそれに気付いていた。そしてそれは、生命体の表面の形状を見ているだけでは決して分からない。

原形体における「動物性」抜きにして、粘菌を語ることはできない。しかし、現代においてさえ、粘菌の分類、同定は子実体の形状をもって行われている。子実体の細かな形態を、検索表に照合して種又は亜種、変種などが決定される。つまり表面に現われた形状のみで判断するのである。それは熊楠の時代から今に至るまで変わっていない。原形体のいわば生々しい「動物性」は「分類」ということになると、ほとんど無視されているのだ。

熊楠は、このように観察者が生物の外側に現われた特徴だけで分類したり、その「生」や「死」の在り方を判断したりすることに対し、疑問と憤り（いきどお）を感じていた。

> 人が見て原形体といい、無形のつまらぬ痰様の半流動体と蔑視さるるその原形体が活物で、後日蕃殖の胞子を護るだけの粘菌は実は死物なり。死物を見て粘菌が生えたと言って活物と見、活物を見て何の分職もなきゆえ、原形体は死物同然と思う人間の見解がまるで間違いおる。すなわち人が鏡下にながめて、それ原形体が胞子を生じた、それ胞壁を生じた、それ茎を生じたと悦ぶは、実は活動する活動する原形体が死んで胞子や胞壁に固まり化するので、一旦、胞子、胞壁に固まらんとしかけた原形体が、またお流れとなって原形体に

戻るは、粘菌が死んだと見えて実は原形体となって活動を始めたのだ。

(1931.8.20 岩田準一宛書簡 『全集 9』p.29)

ここで熊楠は、「生命現象を観察する者の立場は絶対的なものではない」ということを強調している。例えば現代の生命科学において、生命体を研究する者は、その外側に現れた現象と行動だけを観察し、判断を行ってしまっている。そこにこそ間違いを犯す可能性がある。上記の熊楠の言葉は、そのような絶対的・分析的・客観的な見方、あるいは特定の価値観からの観察方法の問題点を指摘している。観察者は「痰のような」一見無構造に見える生物が、実は生き生きと活動しているとは思わず、むしろ「死物同然」と思ってしまう。しかし生命体を、このように、ただ外側からだけ視覚的に観察するだけでは、決してその実相を捉えることはできないのだ。

第５回
生命の実相

熊楠は、人々が「死物同然」と考えてしまう粘菌の「原形体」に特に関心を示した。確かに、元は何か形があったものが潰れて痰状になってしまったような「原形体」は、まるで死んでしまったかのように見える。一方、キノコ状の形態を保っている「子実体」こそが、まさに生きているかのように見える。しかし、それはあくまで、人間が視覚のみで捉えて判断しているにすぎない。熊楠は、生命体の内側に入りこまなければ（indwelling〔内在化〕しなければ）、生命の実相は捉えることはできないと考えていた。熊楠は視覚のみで行うような安易な判断を絶対視することに対し、警鐘（けいしょう）を鳴らそうとしたのである。

「原形体」は非常にゆっくり（時速数cm）だが動き、そしてバクテリアなどを捕食している。熊楠は、この点に着目し、粘菌は「原始動物」であると主張した。当時、粘菌が植物なのか動物なのか分からず混迷していた時代、それはあまりにも大胆な主張であった。しかし、熊楠は粘菌の「原形体」の中に、まさに生命の実相を見ていたのだ。

生命の実相――つまりそれは、他者を他者として区別しながらも自己へ取り込み、同化しようとする運動である。

「脳死者（医師から「脳死」を宣告された人）」は、基本的に動かない（ラザロ兆候〔低酸素などによる脊髄反射〕などを除く）。しかし、人工呼吸器を使用しているとはいえ、心臓は鼓動し、身体は温かい。心臓が動いているということは、体内を血液が循環し、栄養を吸収しているということである。身体が温かいのは、外界の温度への反発である。つまり、「脳死者」は、体温を一定に保つことで自己と他者（外界）を区別し、また自己の心臓を鼓動させることで新鮮な酸素と栄養（他者）を体内に取り込んでいる。自己と他者との区別を生み出し、また自己と他者を同化しようとするこの運動は、決して「死者」には見られない。このような点を鑑みた場合、「脳死者」と呼ばれる人々を、本当に「死者」と呼んで良いのかという疑問が浮かんでくる。

「脳死者」の家族は、彼（あるいは彼女）の手を握り、脈拍を感じ、そして温もりを感じる。その時、その家族は、動かない「脳死者」の形を見ているのではない。彼（あるいは彼女）の内側へ入りこみ、簡単には明示化できないような何かを感じ取っている。それは「まだ生きたい」という願いかもしれないし、その反対のことかもしれない。ともかく、温もり、手触り、匂い、雰囲気……などを、五感全てを使って真剣に感じ取ろうとする。そのような家族にとって、「脳死者」は、決して「死者同然」でないことは言うまでもない。

「共感」とは、単に相手の立場に立って考えるというようなことではない。真の「共感」とは、五感全てを用いて感じ取るものである。対象へ入りこみ、五感の「網」をもって、対象の諸情報を捉えることである。絆の深い家族であるからこそ、「共感」はより一層可能になるとも言える。また「脳死者」を目の前にした、日常とは異なる特殊な空間がそれをさらに助長するとも言える。

一方で、「脳死者」からの臓器移植を待つ患者もいる。この患者はまさに生きている。自己と区別された他者の臓器を取り込もうと待っている。これは人間として当然の欲求であり、筆者はこれを決して否定するつもりはない。

重要なことは、「脳死者」と呼ばれる人々の中にも、臓器移植を待つ患者と同じように生命の実相があるのではないのか、ということである。これは決して素通りすることはできない大きな問題なのである。視覚重視の冷徹な医者や家族がいたとすれば、言語による意思表示ができない「脳死者」の生命の実相（自己と他者を区別しつつ同化しようとする運動）を、切り捨てることができるかもしれない。しかし我々は、やはりそう簡単にはできないのだ。できないからこそ、我々は苦悩する。なぜできないのか――それは、人間には（機械にはない）「共感能力」が備わっているからである。次回以降、この「共感能力」の発揮されるプロセスを、熊楠と彼の研究対象との関係を通じて考えてみたい。

第６回
熊楠による「筆写」と「写生」(1)

熊楠は、彼の研究対象（生物・古典・伝説・神話……）とどのように接していたのであろうか。稀代の天才と称された熊楠による対象へのアプローチ方法を考察することは、視覚的あるいは合理的な見方に慣れた(ある意味毒された)我々に、さまざまな示唆を与えてくれるに違いない。特に、我々が「生命そのもの」あるいは生命体へ深く関わる際の、大きなヒントを与えてくれるに違いない。

熊楠の周りの人間（直接かかわりをもった人々）による、彼の対象へのアプローチ方法についての言及は多く残っている。熊楠自身による対象との接し方への言及は、ここではとりあえず保留し、今回は、彼に直接かかわった人々の言葉を見ていきたい。

例えば、熊楠の盟友とも言えるであろう、日本民俗学の父・柳田國男は以下のように述べている（柳田と熊楠は数年間、民俗学に関する非常に密な交流があった。二人が実際に対面したのはたった一度だけだったが、それでも両者の間には膨大な量の書簡のやり取りが行われた)。

> …ところが先生だけは一つの本を読み続けると其夜きつと其言語ばかりで夢を見ると言つて居られた。それほどにも身を入れ心を取られて、読んで居る。書物の言語に、同化して行くことの出来る人だつた。さうして又際限も無く、新古さまざまの国の書物を、読み通した人でもあつた。

（柳田國男「南方熊楠」『近代日本の教養人』1950年〔飯倉照平、長谷川興蔵編『南方熊楠百話』八坂書房 1991年所収 p.385、以下『南方熊楠百話』とする〕）

ここで柳田は、熊楠が書物の言語に「同化」していたのだと述べている。柳田が言うように、熊楠は心（精神）だけでなく、身（肉体）まで対象と一体化するほどの集中力（熊楠は、異常なまでに高まった集中力を、特に「脳力」と呼んでいる）と持続力の持ち主であった。

熊楠の、対象へ深く「内在化（indwelling)」するための特徴的な方法として「筆写」と「写生」が挙げられる。熊楠は幼い頃から「筆写」と「写生」を絶えず行っていた。例えば、江戸時代の大百科事典である『和漢三才図会』を十代前半のときに写し終えている。ロンドンに遊学しているときには、大英博物館で人類学・生物学・性愛学・民俗学……など、膨大な書物をノートに写し取っている。帰国後も、『大蔵経』などを借り出して筆写していた。

熊楠は、単に文字を「筆写」するだけではなかった。挿絵に至るまで詳細に描き写しているのだ。筆者は、その「筆写」「写生」ノートの現物を何度か見た（於：南方熊楠顕彰館、南方熊楠記念館）が、そこからは熊楠の学問に対する「気迫」と共に、彼が書物の著者の精神に「内在化」し、まるで一体となっていたかのような感じを受けとった。

中国文学者の白川静は甲骨文字、金石文の研究を行うにあたってまず行ったことは、それらの文字、文章を丁寧に「筆写」することであったという。そうすることで白川は、それらを完全に「肉体化」したという。また作家・宮城谷昌光は、小説『晏子』を書く際に、『史記』（中国最古の歴史書）を「筆写」している。宮城谷は「ずっと深い処へ往く」ために書き写したという。熊楠も同じく、対象の表層を見るのではなく、その内側へ入り込むために「筆写」と「写生」を行ったのである。

勿論、写す対象は書物だけではなかった。さまざまな生物を観察し、描いた。表面の特徴のみを単に「スケッチ（sketch)」するのではない。細部に至るまで、例えばキノコであれば、かさの裏のしわの一本一本に至るまで「トレース（trace：①図や文字を丁寧に描く、②追跡する、③調査する)」した。一本のキノコを描くのに何日もかけることもあったという。そしてその描画には、必ずといって良いほど詳細な説明文が付けられていた。そこにはキノコの形状は勿論、手触り、色、匂い、味に至るまで記録されているのである。熊楠は、まさに五感全てを用いてその生命体に「内在化（indwelling)」していたのである。

第７回
熊楠による「筆写」と「写生」(2)

医者は、「カルテ（karte)」に患者の様態・処置方法・経過などを記録する。時に、患部を「スケッチ（sketch)」する。勿論、一人の患者の診察に何時間もかけるわけにはいかない。しかし、そのような「カルテ」だけでは、患者の表層しか捉えることはできないであろう。医者は専門家ではあるとはいえ、決してその見方が絶対的であるわけではない。「カルテ」が重要なことに間違いはないが、それはほとんどの場合、患者に深く「内在化（indwelling)」し、観察（診察）した記録ではないだろう。患者自身ではなく、患部のみを重点的に見る方法は、まさに近代西洋医学の特徴と言えるであろう。

一方、東洋医学においては、患部はもとより、その人全体のいわば「雰囲気」を捉えようとする。例えば「気の流れ」などである。もし、このようなアプローチ方法を「あり得ない」と全面否定するのであれば、それは完全に西洋医学的な見方、もっと言えば近代合理主義に毒されている証拠と言えるであろう。勿論、東洋医学にも欠点はある。病気や怪我に対する即効性がないことや、効能があってもその「根拠」を説明することが難しいことなどである。

今後、東洋医学と西洋医学の両者の長所が交わる点を見出すことが重要であることは、もはや自明であろう。熊楠の、いわば「生物カルテ」には、用紙いっぱいに彩画と文字が書（描）かれている。そこには、熊楠本人しか理解できないのではないかというほどの細かい字が、さまざまな外国語を用いて記されている。それは、あまりにも詳細かつ精微な「カルテ」であった。熱のこもったその「カルテ」は、時に「詩的」になることさえあった。

熊楠は数多くの粘菌標本を、当時イギリスの粘菌学の権威であったリスター父娘（Arthur Lister 1830 ～ 1908 年、Gulielma Lister 1860 ～ 1949 年）へ送っている。熊楠が粘菌に対し、どれほど熱中して取り組んでいたかは、その標本に添えられた記載文を読むだけでリスターへ伝わるほどだった。

> 標本を記載する文にも、筆者【熊楠】の詩的情熱がこめられていて、それ自体が魅力に富んだものとなっている。南方氏がいだく畏敬と称賛の念は、しばしば研究対象の微小物体のもつ美によって惹き起こされたものである。
>
> （グリエルマ・リスター著、高橋健次訳「英国菌学会会報」第 5 巻 1915 年〔『南方熊楠百話』p.294〕）（【 】内―唐澤）

「詩的情熱」とはどのようなものか――それは感情的・刺激的・主観的な心酔と言えるかもしれない。それは対象を冷静に分析して捉える態度ではない。「詩的情熱」、そこには熊楠が粘菌の不思議な魅力に完全に心を奪われ、その生命体と一体になっている姿が見てとれる。

熊楠は採集し、触れ、匂い、食し、そして描き、生命体に「内在化（indwelling）」した。熊楠は、生命体をより深く、その内部から理解しようとしたのだ。熊楠は五感をフルに使い、特に身体からあふれ出す「詩的情熱」を持って描き（「スケッチ（sketch）」というよりむしろ「トレース（trace）」）、記録することで生命体に「内在化（indwelling）」していた、と考えられる（第 6 回〈熊楠による「筆写」と「写生」(1)〉参照）。なぜ、熊楠はこれほどまでに、一心不乱に生物を「写生（研究）」したのであろうか。次回以降、この謎（背景）を数回に分けて考察していきたい。

熊楠は「側頭葉癲癇（そくとうようてんかん）」であったと言われている。例えば、その特徴として、関心のある対象に対する過度の「粘着性」が挙げられる。しかし筆者は、熊楠の執拗なまでの「筆写」「写生」の原因を、彼の脳の器質的問題だけに還元するつもりはない。そうすることは、熊楠を「特別者」

「異常者」として別視、もっと言えば隔離することになるのである。そうではなく、筆者は、これまでしばしば「奇人」「変人」と呼ばれてきた熊楠という人間そのものを、もっと我々の側に引きつけて考えたいのである。

第８回
側頭葉癲癇

熊楠は「側頭葉癲癇（そくとうようてんかん）」であったと言われている。熊楠の脳髄は、彼の遺言により死後解剖され、その後アルコール漬けにされ、大阪大学医学部に保存された。そのときの所見は、重さは 1425g で、成人の平均値 1300 ～ 1400g よりやや重い程度というものであった。また脳溝が深く、後頭部に動脈硬化の兆しがあったという。その後しばらくの間、熊楠の脳髄の検査は本格的に行われることはなかった。1998 年になり、扇谷明（せんごくあきら）（せんごくクリニック）らによって、熊楠の脳髄は三次元 MRI による精密な検査が行われた。その結果、右海馬の委縮が見られ、「側頭葉癲癇」と診断された（扇谷明「南方熊楠のてんかん：病跡学的研究」『精神神経学雑誌』108 巻第２号 2006 年参照）。

「側頭葉癲癇」の特徴として、例えば
- 過度の粘着気質（執拗にある事柄にこだわる）
- 爆発気質（突然怒りだす）
- 性的倒錯（異性への無関心・嫌悪感、同性への性的関心）

などが挙げられる。どれも熊楠の性格に当てはまるものである。このような熊楠の性格の特徴からしても、やはり熊楠が「側頭葉癲癇」であったことは間違いないように思われる。

熊楠自身、自分が「癲癇」を患っており、またそれがいつか精神に危機的状況あるいは崩壊をもたらす可能性があることを認識していた。熊楠が書き残した日記にも、「夜癲癇発症」（1889 年４月 27 日付日記）などと記されている（これ以外にも日記には「癲癇」の症状らしき記述が散見される）。また、熊楠は自分でもどうにもコントロールが利かないほどに癇癪（かんしゃく）を起こしそうになることが（実際に起こすことも）あった。

熊楠が、生物、特に粘菌研究に驚異的な集中力をもって取り組んだ理由の一つには、熊楠自身による、荒ぶる精神を抑える目的があったと思われる。例えば、熊楠は以下のような言葉を残している。

> 小生は元来はなはだしき疳積持ちにて、狂人になることを人々患えたり。自分このことに気がつき、他人が病質を治せんとて種々遊戯に身を入るるもつまらず、宜しく遊戯同様の面白き学問より始むべしと思い、博物標本をみずから集むることにかかれり。これはなかなか面白く、また疳積など少しも起こさば、解剖等微細の研究は一つも成らず、この方法にて疳積をおさうるになれて今日まで狂人にならざりし。
>
> （1911.12.25 柳田國男宛書簡『全集 8』p.211）

つまり熊楠は、自分が生物研究等に集中的に取り組んだ理由は、いわば自身の荒ぶる精神を抑えるためだったと言うのだ。また、現在の「熊楠研究」の第一人者である（と言っても過言ではない）鶴見和子（1918〜2006 年）は、

> ……粘菌を含む博物研究が、南方にとって爆発し、分裂し、解体しそうになる自我を統一し、自己同一性を保持するための有効な作業であったことである。それは、精神衛生の側面である。
>
> （鶴見和子『南方熊楠—地球志向の比較学—』講談社学術文庫 1981 年 p.67）

と述べている。つまり、熊楠の生物（粘菌）研究には、解体しそうな自己を守るための「精神衛生の側面」があったというのだ。確かに、熊楠が言う通り、また鶴見が解釈するように、熊楠自身の荒ぶる精神を抑えるためという理由はもっともであろう。しかし今、我々は（本書では）、さらにその基層にある「自己—他者」関係について探ろうとしている。本書の目的の一つは、我々はどのようにして「生命体」へ深く「入り込

むこと（indwelling）」ができるかを探ることである。つまり、現代医療の科学的・数値的・分析的・分断的な方法とは異なる方法の模索なのである。

熊楠が粘菌という不思議な生命体へ深く「入り込むこと（indwelling）」ができた理由を、これまでの「熊楠研究」のように病跡学（びょうせきがく）的視点からだけではなく、本書では、彼の言説を参考にしつつ、我々に共通する能力という視点から考えていく。

第９回
粘菌的性質の持ち主

熊楠は、「粘菌的性質」の持ち主だった。例えば、それは「相反する要素を内に含みつつも、自己を保っている」という点においてである。しかも対立する要素は、互いをつぶしあったり、互いがマイナス要素になったりするどころか、熊楠の大きな魅力となっているのだ。「熊楠」（熊＝動物、楠＝植物）という名前は、このような特徴をまさに端的に表しているように思われる。

「粘菌」の性質については前述した（第３回〈粘菌とは (1)〉、第４回〈粘菌とは (2)〉参照）が、もう一度、簡単にそのライフサイクルを以下に示しておきたい。

粘菌の「原形体」はアメーバ状になり非常にゆっくりではあるが動き、そしてバクテリア等を捕食する。一定の栄養を蓄えると捕食を止め、キノコ状の「子実体」へと変化する。「子実体」は胞子を飛散させる。その胞子から遊走子が出て、それらは集まり再び「原形体」となる。また「原形体」は色彩を変化させたりもする（環境条件が変化すると「原形体」の色も変わる場合があるが、色の変化の目的は未だ不明であるという）。それは動物と隠花植物、生と死、軟と硬……などを含み持つ、考えれば考えるほど複雑怪奇な生命体なのである。このように、一見対立するさまざまな要素がこれほど多重に共存している生物が、他にいるだろうか。もし、そのような生物が存在するとすれば、それは「南方熊楠」その人であろう。

熊楠は西洋と東洋、両方の膨大な知識を身につけていた。また驚くべき記憶力で多数の言語を操ることもできた。さらに現在残されている日記や書簡などから、熊楠がバイセクシャル的な性質（男性性と女性性）を持っていたと主張する研究者もいる。また熊楠は、「癲癇（てんかん）」を患っていた。そしてそれがいつか精神に荒廃をきたすかもしれない病であることを、熊楠自身認識していた（正常と異常）。西洋と東洋、男性性と女性性、正常と異常――これらは相交わって熊楠を成り立たせ、「南方熊楠」という人物をより魅力的なものにしていると言える。

熊楠はまさに「粘菌的性質」の持ち主であった。では、熊楠が粘菌に「内在化（indwelling）」することができたのは、このような両者に見られる多くの共通点・類似点のためであろうか。確かにそれは、全く間違っているとは言えないであろう。我々も日常において、自分と似ていると感じた他者には、どことなく親近感を覚えるし、また仲良くなれそうな気がする。

しかし、熊楠が粘菌に「親和性」を感じとり、その研究にのめり込んだのは、「熊楠自身が粘菌的性質を持っていたからだ」と結論付けることは、実は簡単なことなのである。筆者はその背景には、あるいはその基層には、もっと奥深い「何か」があると考える。では、熊楠は粘菌に何を見、何を映していたのだろうか。なぜここまでその生命体に惹(ひ)かれたのだろうか。

そもそも、我々の多くが熊楠に対して抱くイメージとは逆に、熊楠は自身を決して「粘菌的性質」の持ち主だとは考えていなかった。粘菌の、特にその「原形体」のように不定形で曖昧かつ非合理的、また不気味でもあり神秘的でもある生命体は、まさに「南方熊楠」という人物像に重なるように思える。しかし熊楠は自身を「科学的・論理的思考の持ち主」だと考えていたふしがある。特に青年期にはそのような傾向が強かった。

論理的・分析的・理性的・自然科学者的思考を重視した熊楠が、なぜ粘菌、特に「原形体」という非合理的で神秘的、あるいは不安定（不定形）なものに特別な関心を持ったのか。そこにはやはり「粘菌的性質」の一言では片付けられないものが潜んでいるように思われる。

熊楠と粘菌の、いわば「魂の位相（層）」とでも言うべき場所における関係を考察することによって、我々は「他者」を本当の意味で理解するための大きなヒントを見出すことができるであろう。そしてそれは、特に現代医療の分析的・数値的・分断的な捉え方の有効なカウンターパートになり得ると思われる。

第10回

粘菌という「他者」に見出していたもの(1)

熊楠は青年期、近代科学に非常に傾倒していたことがあった。当時最新の科学理論でもあった「進化論」にも興味を持ち、特に各地を転々としたアメリカ時代、大英博物館に通いつめていたロンドン時代は、後世に言われるような民俗学者や粘菌研究者というより、むしろ自然科学者を自認していたようだ。アメリカ時代には、『ポピュラー・サイエンス・マンスリー(*Popular Science Monthly*)』という雑誌を熱心に購読したり、『科学論文集』と名付けた抜書ノートなどを作成したりしている。またロンドン時代には自他共に認める、社会科学の先駆者ハーバート・スペンサー(Herbert Spencer 1820~1903年)の研究者でもあった。ロンドンのハイドパークで行われていた無神論者の演説を聴きに行くこともしばしばであった。さらに当時ロンドンで流行していた降霊術やオカルティズムを痛烈に批判する書簡などを友人の真言僧・土宜法龍(どぎほうりゅう)(1854~1923年)へ送ったりもしている。そこには自然科学者・南方熊楠の姿を垣間見ることができる。例えば法龍に対して、以下のように近代科学の重要性を切々と述べたりもしている。

> 仁者、欧州の科学哲学を採りて仏法のたすけとせざるは、これ玉を淵に沈めて悔ゆることなきものなり。小生ははなはだこれを惜しむ。…(中略)…しかして仁者いたずらに心内の妙味のみを説いて、科学の大効用、大理論あるを捨つるは、はなはだ小生と見解を異にす。
>
> (1893.12.24 土宜法龍宛書簡『全集7』p.146、p.153)

つまり熊楠はここで、仏教の教理にも近代科学を大いに取り入れるべきだと主張しているのだ。では、このように論理的・分析的・理性的・

自然科学者的思考を重視した熊楠が、なぜ粘菌、特に「原形体」という非合理的で神秘的、不安定なものに特別な関心を持ったのか。そこには彼の「粘菌的性質」（第９回〈粘菌的性質の持ち主〉参照）の一言では片付けられない「何か」が潜んでいるように思われる。
——熊楠は粘菌という「他者」に、おそらく自身で自覚している性質とは正反対の性質を無意識のうちに投影していたのではないだろうか——。

熊楠は、驚異的な集中力と持続力で粘菌を採集し観察した。その姿勢は、まるで本来は自己に属していながらも、欠けてしまった（失ってしまった）何かを持っている対象を、常に探し求めているかのようであった。言うなれば熊楠は、自分の失われた（欠けてしまった）「片割れ」を見つけ出すように粘菌を「採集」し、そして陰と陽が引き合うように、あるいは同化して一つに溶け合うようにそれを「観察」したのだ。

熊楠の表面上の分析的・論理的・理性的な性質（ペルソナ〔男性的要素〕）とは対極にある、熊楠の内に秘めていた、とてつもなく大きなもの（表面上の男性的性質の正反対にある、いわば「アニマ」的性質）——その大きく暗く、ドロドロとした非合理的・非論理的、さらにはエロティックなものは当然、イメージ的に明るい顕花植物より隠花植物、あるいはそれよりもっと暗く猥雑な粘菌、その中でも特に、状況によって色や形を自由自在に変化させる、気まぐれな「原形体」に投影されていた。熊楠は、もともとは自身と一つであった「片割れ」を必死に求めるが如く、粘菌（原形体）へ「indwelling（潜入）」していたのだ。

熊楠には、その生命体が恐ろしくも、特に魅惑的に映っていたに違いない。そしてその生命体との積極的な対話を通じて、熊楠自身の本性、あるいは人間の本質を深く知ろうとしたのではないか。これこそ熊楠のいわば「内観法」であった。「内観法」であると共に、「他者」へのアプローチ方法であった。真の「他者へのアプローチ」とは、「他者」を知ると同時に「自己」を知ることでもある。「内観」においても「他者」へのアプローチにおいても、「自己」と「他者」とが区別されてありながらも一つであること、つまり「自己—他者」を知ることこそ重要なのである。

第11回
粘菌という「他者」に見出していたもの(2)

熊楠は、もともとは自身と一つであった「片割れ（影・アニマ）」を必死に求めるが如く、粘菌（原形体）へ「indwelling（潜入・内在化）」していた。

我々人間は大抵、表面上の自分（ペルソナ）と似た性質の「他者」を見つけ、安心を得ようとする。しかし、そのようにして集まった「他者」は「烏合(うごう)の衆」になりかねない。筆者は、自らを成長させる「真の他者」とは、真正面からぶつかり合うような、自らとは「正反対」（あるいは「純粋に反対」）の「他者」でなければならないと考える。我々はそのような「他者」に出会うことを、できるだけ避けようとする。だが、このような排除の論理は、「自己」の成長の可能性を奪うものである。確かに「絶対に純粋」たる「他者」は、「自己」の「ペルソナ」を大きく動揺させるものである。しかし、このようないわば「絶対的な他者（互いに相反する要素を持ちながらも自己と相補的な関係にある他者）」を受け入れることができた時、我々は今まで気付かなかった重要な「何か」に気付くことができるのではないか。「ペルソナ」同士の付き合いでは気付かなかった、自らに潜む「影」を含めて、「全体的自己」であることに気付くことができたとき、人は大きく成長するのである。

人間は、このような「絶対的な他者」を、意識の上では出来るだけ避けようとする一方で、無意識においては、それと同一化したいと願ってしまう。これもまた人間の本性である。熊楠が粘菌（熊楠の「絶対的他者」）に対して、恐ろしくも魅惑的に引き込まれて研究した理由は、何とかしてこの「他者」を自身に取りこんで同一化（＝「取り込み同一化」introjective identification）したい、あるいはこの「他者」へ「自己」を投影して同一化（＝「投影同一化」projective identification）したいという表れでもあったのではないだろうか。

熊楠は、高弟・小畔四郎（こあぜしろう）（1875~1951年）宛のハガキ（1921年）において「くさびらは幾劫へたる宿対ぞ」と記したことがある。くさびらとはキノコのことである。粘菌同様、キノコも熊楠の「絶対的他者」であった。「宿対（正面から向かいあうべき対象）」であった。決して、「同類」ではなかった。熊楠は、自らの「ペルソナ」（論理的・分析的・理性的・自然科学者的思考）を補完するが如く粘菌やキノコといった「他者」（アニマ）に正面から向かい合っていたのだ。

「自己」と「絶対的な他者」とが同一化できたとき、そこには何が待っているのか――。「絶対的な他者」とは現在の自分に欠けているものであり、それを「自己」へ取り込むこと、あるいは「自己」をそれへ投影すること（再統合すること）で、「自己」と「他者」とは、もとの「一」になる。「一」とは、我々人間が目指す場所でもあり、また最も恐れるべき処でもある。「一」へ留まる事は、自我を完全に捨て去ることでもある。「一」には「自己」も「他者」もない。全てが溶け合った場である。そこは楽園（エデン）でもあるが、そこに「個人」は存在しえない。

「一」への帰還が一瞬であるから、そこは楽園であり、またそこにおいて我々は快楽を味わうことができる。我々人間はそのことを知っている。知っているが故に、「一」から再び「自己」と「他者」へと「分裂」する。自我を何とか守り、一個人であろうとする意志は、悲しくも人間に備わった性（さが）なのである。それでも、もし「一」へ留まろうとするならば（留まれるならば）、それはもはや熊楠が憂えた「狂人」（第8回〈側頭葉癲癇〉参照）を意味するのである。

熊楠は、顕微鏡を通して、粘菌やキノコという「絶対的な他者」と同一化し、瞬間的に「一」へと帰還していた。そしてそこに「宇宙」＝「大日如来」を感じていた。

何となれば、大日に帰して、無尽無究の大宇宙の大宇宙のまだ大宇宙を包蔵する大宇宙を、たとえば顕微鏡一台買うてだに一生見て楽しむところ尽きず、そのごとく楽しむところ尽きざればなり。

（1903.7.18 土宜法龍宛書簡『全集 7』p.356）

熊楠は、粘菌やキノコの研究を通じて、対象との「統一」と「分裂（区別）」とを繰り返し行っていたように思われる。そしてこの限りない運動「統一→分裂→区別→帰還→統一……」こそまさに、生命の実相なのである。「自己と他者の区別を生みだし、また自己と他者を同化しようとする」この無限の運動、これは熊楠と粘菌の間のみならず、生命体すべてに通ずる事柄なのである。

第 12 回
粘菌という「他者」に見出していたもの (3)

第 11 回において筆者は、

> 熊楠が粘菌（熊楠の「絶対的他者」）に対して、恐ろしくも魅惑的に引き込まれて研究した理由は、何とかしてこの「他者」を自身に取りこんで同一化（＝「取り込み同一化」introjective identification）したい、あるいはこの「他者」へ「自己」を投影して同一化（＝「投影同一化」projective identification）したいという表れでもあったのではないだろうか。

と述べた（第 11 回〈粘菌という「他者」に見出していたもの (2)〉参照）。上述した「取り込み同一化」と「投影同一化」とはどのようなものなのか、ここでもう少し詳しく述べておきたい。というのも、筆者は、両者は熊楠（自己）と他者との関係を考察する際、欠かすことができない、彼による「採集」と「観察」行為とに密接に関係していると考えるからである。

熊楠の執念的なまでの「採集」行為は、S・フロイト（Sigmund Freud 1856 ～ 1939 年）の言う「防衛機制」の一つである「取り入れ (introjection)」に深く関連している。そして粘着的とさえ言える「観察」行為は、同じく「投影（projection)」に関連している。「防衛機制」とは、フロイトによって提唱された概念である。それは精神的安定を保つための無意識的な自我の働きとされ、「取り入れ」や「投影」以外では、例えば「抑圧」「転換」「隔離」「反動」「退行」などがある。

熊楠が「取り入れ」や「投影」を行った理由――それは端的に、「欠けるところの無い完全な理想の自己像の希求」のためであったと思われる。熊楠は、自身に欠けた部分、あるいは自分で認識している表面上の性質（ペルソナ）とは正反対の性質などを対象に見出し、それらと一体化しようとした。それは不安定な自我が行う「防衛機制」であると言える。またそれは、対象と一体化あるいは同一化し、自分に欠けた部分を補完することで心（魂）の安定を図ろうとする人間の本来的な在り方でもある。

不安定な自己は、自己自身の欠如した部分を対象の中に見る。対象の内に、本来自己自身の本質に属しながらも、自己に欠けているものを見るのだ。そして「取り入れ」や「投影」を通じて、自己の欠けた部分をもつ対象と一体となることで、完全性を希求するのである。

熊楠は「採集」と「観察」を通じて、対象と「同一化」しようとしていた。しかし一言に「同一化」と言っても、そのプロセスにおける方向性は異なる。つまり熊楠の「採集」は、対象を主体に取りこむこと（対象の主体化）による「同一化」＝「取り入れ同一化」であり、「観察」は、主体を対象へ投げ入れる、つまり主体が対象へ入りこむこと（主体の対象化）による「同一化」＝「投影同一化」であると言うことができる。「投影同一化」とは精神分析家のメラニー・クライン（Melanie Klein 1882〜1960年）よって提唱された概念である。そしてそれと一対をなすものが「取り入れ同一化」である。

ここでもう少し「取り入れ同一化」と「投影同一化」について説明しておく。「取り入れ同一化」とは端的に言えば、対象を自己に取り入れて融合し、そうすることで満たされない感情を満たそうとする心の働きと言える。一方、「投影同一化」とは、

> 対象に自己を投影し、投影された自己と対象とを同一視する機制である。もう少し具体的に言うと、自分の心の中の願望や衝動を自分の中から排出して、相手に投げ入れて投影し、あたかもその相手がその願望や衝動を抱いているかのように知覚するという仕組みである。

（小此木啓吾『フロイト思想のキーワード』講談社現代新書 2002 年 p.165）

と言われている。それは、対象の中に自己が意識していないような部分を投影し、その対象と同一化しようとする心の働きと言うことができるだろう。つまり「取り入れ同一化」が、自己へ対象を「摂取」するのに対し、「投影同一化」とは、自己を対象へ「投げ入れる」ことだと言うことができるであろう。

第13回

粘菌という「他者」に見出していたもの(4)

「取り入れ同一化」及び「投影同一化」の過程（プロセス）とはどのようなものであろうか。

まず「取り入れ同一化」であるが、それは、①対象と区別されてある自己が、自己自身に欠けている「何か」を対象に見出す。②それを自己へ取り込もうとする。③そして自己は対象を取り入れて同一化し、心の安定を図ろうとすることである（※しかし対象を完全に取り込み、同一化し、その状態に留まることは、自己と対象が共に消滅してしまうことを意味する）。

熊楠の驚異的な「採集」行為も、この「取り入れ同一化」と同様であると考えられる。例えば、熊楠と粘菌の関係で考えてみると次のようになる。①熊楠は粘菌に自己に欠けているもの、あるいは自分で認識している自己とは正反対のものを見出す。②それを「採集」することで自身に統合しようとする。③そして熊楠は、粘菌を自己へ取り入れることで、心の安定（あるいは完全性）を希求する。熊楠（自己）と粘菌（対象）は、もともと「統一された完全な状態」が分裂した関係においてあったと言える（完全な同一化とは、両者が一つの場に溶け込むことでもある。そして溶け込んで一つになった場には、もはや自己も対象もない）。

では、「投影同一化」の過程はどうであろうか。①自己は、自分の心の中にある願望や衝動を対象に投影し、あたかも対象が、自己の願望あるいは自己の欠如した部分を持っているかのように知覚する。②そして、その対象と同一化するために、対象へ自己を投げ入れる。③さらに、投げ入れられた自己は対象と同一化し、心の安定を図ろうとする（しかし、自己と対象が完全に同一化すると、自己と対象は溶け合い、共に消える）。

これも熊楠と粘菌の関係で考えてみると、次のようになるだろう。①

熊楠は、粘菌に自分の願望や衝動（それは科学的・論理的・分析的思考を重視した熊楠〔ペルソナ〕の深層にある「アニマ」と言ってよいだろう）を投影していた。②そして熊楠は、粘菌へ入り込むように「観察」を行った。③投げ入れられた自己（熊楠）は粘菌（対象）とは同一化し、熊楠はそうすることで心の安定を得ようとした（しかし、熊楠と粘菌が完全に同一化したとき〔場に溶け込んだとき〕、そこにもはや両者は存在しない）。

自己（熊楠）と対象（粘菌）は、同一化し完全性（統一）へと向う。というより、むしろ自己と対象は元来一つのものが分裂した結果なので、同一のもの（統一）へ帰還すると言うべきであろう。そして再び、自己と対象へと分裂するのである。

同一のものが自分を二分して、対立したものになる。そして、その対立したものは、各々で別々に自立して存在するように見えるが、他方は一方のいわば「片割れ」であり、また一方は他方なくしてはありえない。一方は他方が存在するための、他方は一方が存在するための「契機」なのである。そして他方が一方自身を含み持つという点においては、両者は「区別であって区別でないもの」であると言えるだろう。だからこそ両者は分裂してもすぐ統一（同一のもの）へ帰還することができるのだ。そしてこの循環（統一→分裂→区別→帰還→統一→……）は限り無く続いていく。

第14回

粘菌という「他者」に見出していたもの (5)

他者との完全な「同一化」とは、我々人間の「理想」である一方、最も恐れるべきものでもある。熊楠が、自分に「欠けている部分」を粘菌に見出し、それを取り込んだり（取り入れ同一化）、粘菌へ自身を投げ入れたり（投影同一化）して、それと完全に同化すれば、粘菌という対象は消えてしまう。対象が消えるということは、主体としての熊楠が消えることでもある。なぜなら、対象があっての主体だからである（当然、逆も然りである）。主体の無化とは人格の死であり、それは、熊楠が、熊楠という人格を喪失することを意味する。

熊楠は、「狂人」にならないために「採集」や「観察」を行っていた（第8回〈側頭葉癲癇〉参照）。そして集中して「採集」や「観察」を行うことで、対象との「距離」は極端に近くなった。瞬間的には対象と同一化していたかもしれない。それは、いわば「統一」への帰還である。しかし、長くはその状態には留まらなかった。それは刹那(せつな)的なものであった。なぜなら、同一化（統一）の状態に完全に留まることは、自我の消滅・自己の無化・人格の死を意味するからである。そこで再び熊楠は対象との「距離」をとる（自己と他者とを「区別」する）ことになる。このようにして「同一化（統一）→分離→区別→帰還→統一（同一化）→……」という循環は無限に続くのである。

熊楠と粘菌は、全く関係のないもの同士ではなく、粘菌は熊楠が無意識に持っている「アニマ」が具現化されたものであった。つまり、各々は単なる他者以上の、「純粋に反対たる他者」同士だったのだ。そして、熊楠が求めた同一化とは、彼にとって「絶対に否定的なもの」、つまり自己を完全に否定（区別）しながら、しかも相補性を成すもの（＝表面上の熊楠とは正反対の「アニマ」としての粘菌）と同一化することであった。

統一は、区別がなければ在り得ないものである。逆に統一があるからこそ、区別項が成り立つとも言える。統一と区別は、循環し完了することはない。統一は区別項の本質とでもいうべきものである。だから、統一がなければ区別項は存在しないと言える。また、統一は区別項が希求する理想でもある。逆に理想を希求するために区別項が成り立つ、つまり分裂が生じるとも言える。

熊楠は、粘菌との同一化を求めていた。なぜなら、それは彼の無意識にある「アニマ」(片割れ)であったからだ。そしてそれを取り込むこと、あるいはそれに自身を投げ入れることで、熊楠は安定した理想の自己(完全性)へ帰還しようとしていた。つまり、求めるべき完全性、あるいは統一のために、熊楠と粘菌は存在し得たとも言える。

熊楠は対象と完全に同一化していたのではなく(瞬間的には同一化していたかもしれないが)、同一化に極めて近い「距離」にいたと言える。しかし、それは「狂人」になるのではないのかと、逆に彼を不安にさせた。

> 那智山に籠ること二年ばかり、その間は多くは全く人を避けて言語せず、昼も夜も山谷を分かちて動植物を集め…(中略)…那智山にそう長く留まることもならず、またワラス氏も言えるごとく変態心理(サイキアトリ)の自分研究ははなはだ危険なるものにて、この上続くればキ印になりきること受け合いという場合に立ち至り、人々の勧めもあり、終(つい)にこの田辺に来たり……(以下略)。
>
> (1911.6.10～18『和歌山新報』掲載「千里眼」『全集6』p.7、p.10)

那智山隠栖(いんせい)の後期(1904年頃)、熊楠の精神は極限状態にあった(これについては今後詳述する)。熊楠が那智山でこれ以上研究を続けることは、精神の崩壊・自己の「死」、つまり狂人になること(キ印になりきること)を意味した。孤独に「採集」と「観察」を続けていくうちに、熊楠は研究対象である生物と一体化し、自分自身が薄れていくのを感じていたのである。「狂人」にならないために取り組んでいた「採集」と「観察」行為であったが、それが、熊楠にとっては、対象との完全な一体化を促し、逆に「狂人」になるのではないのかと、彼を不安にさせたのである。そこで熊楠は、再び対象と「距離」をとる（分離する）ことになる。

第15回
粘菌という「他者」に見出していたもの (6)
―小括―

熊楠は、対象との「距離」のとり方が非常に苦手であったと言える。彼の様々な「逸脱」した行為は、それを物語っている。他者からあまりに「逸脱」した行為をとるために彼は「奇人」「変人」と呼ばれた。腰巻一つで年中過ごした、気に入らない者には反吐を吐きかけたなど、熊楠にまつわるエキセントリックな出来事は、数多く伝えられている。

しかし、熊楠は決して「狂人」ではなかった。熊楠はかろうじて「奇人」「変人」に留まっていた。しかし、何かの拍子で「狂人」へ移行してしまう可能性は十分あった。それを防ぐために、熊楠は再び「採集」や「観察」に全精力を費やしたのであった。そして彼の驚異的な集中力による「採集」「観察」は、対象との「距離」を極めて近くした。「瞬間的」には、対象と完全に同一化していたであろう。熊楠が対象として選んだものは、自らの欠如した部分を持つ、あるいはその欠如を補完してくれるものであった。そして自身の欠如を補い「完全性」を求めて「採集」「観察」に没頭したのである。「採集・観察」→「同一化」→「狂人への移行の恐れ」→「極端な逸脱」→「狂人への移行の恐れ」→「採集・観察」→……このようないわば「循環」を、熊楠の生き方には見ることができる。

熊楠が、森の中で上半身裸で腕組みをしている写真（林中裸像）と、縁側で一心不乱に菌類を写生している写真（中瀬喜陽・長谷川興蔵編『南方熊楠アルバム』八坂書房 1990年 p.112、p.118）を見比べてみると、本当にこれが同一人物かとさえ思えてくる。しかし、この二つの写真は、南方熊楠という人物を最も象徴的に表しているようにも思われる。つまり、一方は豪快で何にも囚われない豪放磊落（ごうほうらいらく）な熊楠像を、一方は観察対象に入り込もうとする繊細で神経質な熊楠像を表しているのである。

熊楠と対象とのかかわりを深く考察していくとき、これまで多くの書物等で語られ、そして我々の多くがイメージするようになった、彼に対する「強靭（きょうじん）な精神を持った森の巨人像」とはまったく正反対の、「狂人」を恐れながらも、常にその近くにしかいることができなかった「不安定な自我の持ち主」という一面が見えてくる。

熊楠は、常に自我の消滅・人格の死と隣り合わせにいたのである。それは彼にとって苦しみでもあっただろう。しかし、そのような在り方が、熊楠を極めて特異で、魅力的な人物にしていることも確かである。

作家・神坂次郎は、

> 天衣無縫ともいうべき熊楠の行動は、振幅が大きい。いま先刻まで腰巻ひとつの半裸で狂気のように研究に打ちこんでいたかと思うと、こんどは浴びるほど酒を飲み、ふらっと採集にでかけたまま10日も20日も帰ってこない。たまに帰ってくると、家じゅうにばらばら虱（しらみ）を落として歩く……（以下略）。
>
> （神坂次郎『縛られた巨人 南方熊楠の生涯』新潮文庫 1997年 p.311）

と熊楠の特徴を述べている。ここで言う「振幅」とは、対象との「同一化」と「逸脱」の「差」である。熊楠はこの「差（ギャップ）」が極めて大きかったのである。

柳田國男は熊楠を「日本人の可能性の極限」と評した。「可能性の極限」とは、言い換えれば「自己の消滅の限界」のことではないだろうか。つまり自己を完全には失わずに、対象にどこまで近づくことができるか、あるいは対象から離れることができるか、それが人間としての「可能性」を発揮できる限界なのだと思われる。自己を失わずに、自己と対象とが完全に消えてしまうギリギリ限界まで近づき、もしくは限界まで離れることができたとき、「通常」の見識を超えた考え方や行為ができると思われる。そしてそれができた人物こそ、まさに南方熊楠だったのである。

第16回
「統一」と「分離」
—臓器移植をめぐって—

これまで筆者は、熊楠が粘菌という他者に、自己に「欠けたもの」を見出してきたことを述べてきた。そして、この自己に「欠けたもの」を取り入れて、さらに同一化する行為が「取り入れ同一化（introjective identification)」と呼ばれるものであること、またその過程とはどのようなものかについて説明してきた。ここでは、より臨床的に、臓器移植の問題に絡めてこの行為について考えてみたい。

例えば「脳死者」から臓器移植を待つ患者は、自身に欠けた（患って機能しなくなった）部分を他者から「取り入れ」ようと待っている。つまり他者の臓器を「取り込み」、それを自身と「同一化」しようとするのである。では、この移植が成功した場合、それは完全な「同一化」が成されたことを意味するのであろうか。

確かに、それは瞬間的には「同一化」できたと言えるであろう。しかし患者は、その後も一生「違和感」を感じつつ生きていかねばならない。患者は、拒絶反応を抑えるために、免疫抑制剤などを飲み続けることになる。他者からの臓器が、自己から「分離」することを、薬をもって抑えなければならないのである。「同一化」（統一）には常に「分離」が付きまとう。もし臓器移植を受けた患者が、他者からの臓器と完全に「同一化」できたとしたら、そこにはもはや他者（の臓器）は存在しない。

我々は普段、自身の臓器を意識して生きてはいない。なぜなら臓器は完全に自己と「同一化」しているからである。一方、臓器移植を受けた患者は、常に他者をその身に感じながら生きているのである。免疫抑制剤を飲んだ後、しばらくの間は、臓器は自己と「同一化」し、患者はある程度の快適さを味わうことができる。しかし、薬の効能が切れ「分離」症状が起こると、再び自身の中に他者を強烈に感じ、さらに「死」をより間近に感じることになるのである。

この「同一化」（統一）と「分離」の絶え間ない繰り返しを、自身の身体の中で行い、受けとめているのが臓器移植者なのである。臓器移植が「成功」した者を、我々は、ともすれば、我々と「同じ」と考える（「臓器」ゆえに表面上は〔見た目では〕分からない）。しかし、彼ら（彼女ら）は、自身の「生」が他者によって支えられていることを、まさにその身を持って感じているという点で、明らかに「我々」（臓器移植を受けていない者たち）とは異なっているのである。

臓器移植を受けた者は、自身の肉体的努力や精神力だけで、その臓器と「同一化」することはできない。基本的には、免疫抑制剤という薬をもって人工的にしか「同一化」することはできない。それは、自己自身が、あるいは他者が、本当はその状態を望んでいないことを表しているのかもしれない。しかし、自己と他者との「統一」「分離」を強烈に感じることができるという点においては、ある意味、臓器移植者は、本当の「生」を生きていると言えるのではないだろうか。「我々」は、このような「他者との真の関係」を日々感じずに生きている（この今の時代が、あるいは社会がそれを阻害しているのかもしれない）。それは、表面的には幸せなことであろう。しかし、自己と他者との関係（本当の支え合い）を知らずに過ごすことは、実は盲目的に「生」を浪費しているとも言えないだろうか。

自己が他者によって成り立っていること（他者が自己によって成り立っていること）、生は死と共にあること（死は生と共にあること）、これらをその身を持って常に感じている者の「生」は、何も考えていない者のそれとはやはり全く異なる。

臓器移植は、様々な理由から批判の対象となることが多い。しかし、ある意味において、それは、人間が深く「生—死」を考えるための重要な契機が与えられているとも言えないだろうか。勿論（言うまでもないことだが）患者を含めその家族や友人が「我々」の想像を絶する苦痛・苦悩を味わっていることは、決して忘れてはならない。

第17回
近代科学とオカルト

筆者はこれまで、熊楠の「ペルソナ」とは、論理的・分析的・理性的・自然科学者的なものであったということを何度も述べてきた。事実、熊楠は在外中、特にロンドン時代には、彼の「ペルソナ」の真逆にある、非論理的・神秘的・心霊主義的なもの（それらは熊楠のいわば「アニマ」と呼べるもの）に対して、ある種の嫌悪感さえ抱いていた。

熊楠が遊学していた1890年代のロンドンでは、オカルティズムが全盛期であった。近代科学・合理主義が絶対的な権力を振るい始めた頃、それと対立項をなすように、世間ではオカルティズムが台頭していた。中にはインチキによって金儲けをする者もいたという。しかしそれでも、オカルト（神秘的な現象、超自然的出来事）を信奉する人々の信用が失われることはなかった。多くの者たちが公開交霊会を行い、さらに多くの知識人たちがプライベートなサークルで実験・研究活動を行っていた。近代科学の勃興期、その在り方に疑問を感じ、他の「何か」を信じたいとする人々が多くいたのである。オカルティズムはそのような人々のいわば避難場所でもあったのだ。

ロンドン時代、熊楠はハイドパークで連日のように行われていた無神論者の演説を傍聴（ぼうちょう）している。熊楠はこの頃、完全に近代科学に傾倒していた。友人の真言僧・土宜法龍に対しても、近代科学の重要性を切々と述べている。さらに熊楠は、法龍に対し、「オッカルチズムごとき腐ったもの……」（1894年3月3日付土宜法龍宛書簡『全集7』p.218）と徹底してオカルティズムを否定する書簡を送ったりもしている。熊楠は、自分は合理的・科学的・分析的思考の持ち主だと考えていたのだ。

しかし、不思議なことに、在外中これほど批判的であったオカルティズムに対し、帰国後、特に那智山に籠（こも）っていた時期（1902～1904年）

には、まるでそれを肯定するかのような記述が、熊楠の日記や書簡には散見されるのである。そこからは、熊楠の姿勢が180度変わってしまったかのような感じさえ受ける。

例えば、熊楠は那智山で、マイヤーズ（Frederick W. H. Myers 1843〜1901年）の『ヒューマン・パーソナリティー（*Human Personality and its Survival of Bodily Death*）』を取り寄せている。日本ではあまり馴染みのない人物であるが、このマイヤーズとは、当時イギリスにおいてSPR（心霊現象研究協会 The Society for Psychical Research）の重鎮とも言うべき人物であった。彼のこの大著には、テレパシー（telepathy）をはじめとした、さまざまなオカルト現象の事例が記されている（因みに、このテレパシーという語は、マイヤーズの造語である）。

『ヒューマン・パーソナリティー』を読む頃には、熊楠は、オカルト現象に非常に関心を示し、そしてそれを肯定するようになっている。熊楠はこの書物に、痛烈に共感したのである。深山幽谷（しんざんゆうこく）の那智山における孤独、不本意の帰国、親族からも理解してもらえないことに対する不満（学位もとらずに帰国した熊楠を親族はどうしても理解できなかった）などによるストレスが重なり、この時期熊楠は「精神的危機」に陥（おちい）っていた。特に1903〜1904年頃の日記には、オカルトと呼ぶ他ない不思議な現象の記述内容が多々出てくる。以下は、1904年4月25日の日記である。

> 予、灯を消して後魂遊す。此前もありしが、壁を透らず、ふすま、障子等開き得る所を通る故に迂廻なり。枕本のふすまのあなた辺迄引返し逡巡中、急に自分の頭と覚しき所へひき入る。
>
> （八坂書房『南方熊楠日記2』p.431 以下『日記』とする）

『日記』を読む限り、熊楠は那智時代、この「体外離脱」のような経験を少なくとも二回はしている（もう一回は1904年3月10日）。熊楠の記述からは、「体外離脱」以外にも、「幽霊」「予知夢」「他心通」などの不思議な現象に関する記述が、特にこの時期に集中的に見られる。例えば、以下のような記述もある。

> 1904年4月1日
> 灯消して暫時眠る内、頭辺に人多く来ると夢み、次に父と今一人座す。予父の膝前の衣を手でおし見るに抵抗力あり。
>
> （『日記2』p.421）

熊楠は、夢に亡き父を見たようだ。しかし、その父に触れると、確かに（現実のように）抵抗力があったという。

那智時代、認めたくなくとも認めざるを得ない、このような不思議な現象が、熊楠の身の周りには多々起きていた。そして精神的危機状態にあった熊楠の心の隙間に、『ヒューマン・パーソナリティー』はぴったりと、完全に、はまり込んでしまったのだった。

——熊楠はこの那智山において精神的に追い詰められ、「死」さえ意識していた。しかし実は、その時こそ熊楠の「生」は、強烈に光り始めていたのである。その理由を次回以降述べていきたい。

第18回
オカルティズムへの関心

ロンドン時代、熊楠はハイドパークで行われていた無神論者の演説を連日のように傍聴していた。熊楠はこの頃、完全に近代科学に傾倒していたのである。また近代科学の重要性について、友人の真言僧・土宜法龍に対して以下のように述べている。

> しかしてこの無神論者はみな科学の三験に徹して、物体開花上ははなはだ有用の人物のみなり。しかして仁者いたずらに心内の妙味のみを説いて、科学の大効用、大理則あるを捨つるは、はなはだ小生と見解を異にす。
>
> （1893.12.24 土宜法龍宛書簡『全集 7』p.153）

また同じ書簡には「社会物体上の開進に必要なる科学……」という言葉なども見られる。このような言説からは「自然科学者・南方熊楠」の姿を見てとることができる。

結局、在外中に熊楠がオカルティズムに本格的に関心を示すことはなかった。とはいえ、ロンドン時代、熊楠がブラヴァツキー（Eelena Petrovna Blavatsky 1831 ～ 1891 年）の大著『ヴェールを剥がされたイシス（*Isis unveiled. A master-key to the mysteries of ancient and modern science and theology*）』に目を通していることは、注目に値する。ブラヴァツキーは霊媒師（れいばいし）として世界各国を放浪し、キリスト教や仏教、ヒンドゥー教などさまざまな宗教・神秘思想を融合させ「神智学」を創唱した人物である。1875 年、ニューヨークに神智学協会を設立し、その思想と活動は神秘思想家として著名なシュタイナー（Rudolf Steiner 1861 ～ 1925 年）にも大きな影響を与えている。

またオッカルチズムのことは小生も少々読みしが、名ありて実なきようのことにあらずや。たとえば霊験とか妙功とかいうほどのことで、一向その方法等は聞き申さず。ブラヴァツキのこのことの傑作前後二篇四冊のうち二冊、ずいぶん大冊なるが、前年読みしも、ただかかる奇体なことあり、かかる妙な行法あり、というまでにて…（中略）…一向核のなきことなりし。

（日付の記入なし 土宜法龍宛書簡『全集 7』p.242）

やはりここでも熊楠はオカルティズムに批判的である。しかし、熊楠が法龍に対してオカルティズムをここまで痛烈に批判したのは、実は熊楠（の無意識）がオカルティズムに関心があったことの裏返しだったのではないだろうか。法龍が書簡にオカルティズムのことを書いていても、熊楠がそれに関心がなければ、ここまで真剣に（辛辣（しんらつ）に）答えなかったのではないか。ましてブラヴァツキーの書物を読むこともなかったであろう。

ロンドン時代の熊楠は、オカルティズムへの関心を抑え込んでいたのである。それが完全に開放されたのは、帰国後、那智山に隠栖したときであった。「精神的危機」状態（第 17 回〈近代科学とオカルト〉参照）、及び聖地那智山という特殊な空間が、熊楠の抑圧されたオカルティズムへの関心を一気に呼び起こしたのである。

熊楠は、那智山滞在中にマイヤーズの『ヒューマン・パーソナリティー』（第 17 回参照）を取り寄せ、届くや否や、この大著を読みふけっている。「虜（とりこ）」になったと言っても良いであろう。それと並行するように、熊楠の日記には、那智山における孤居で、自身が経験したいわゆる「オカルト現象」の記述が増えていくのである。確かに、『ヒューマン・パーソナリティー』を読んだために、熊楠がそのような「オカルト現象」に、はまったという面もあるだろう。しかし、もともと熊楠にそのような「素地」があったからこそ同書をわざわざ取り寄せ、「オカルト現象」が熊楠に、はまったとも言える。「素地」とはつまり、論理的・分析的・自然科学者的思考を重視し、自分がそのような思考の持ち主だと自認していた熊楠の、正反対にある曖昧な・感覚的・非合理的・心霊主義的思考のことである。前者、つまり自覚的な熊楠は「ペルソナ」である。そしてその正反対にある、ここで言う「素地」とは、熊楠の深層心理に潜む「アニマ」である。それは熊楠自身のいわば「片割れ」であり、熊楠の純粋に反対たる「他者」であった。

那智時代の熊楠は、ロンドン時代には決して目を向けようとしなかった自身の「アニマ」に関心を示すようになったのである。つまり熊楠は、自分の正反対のものを見つめ直し、統合することで、より高次の自己を希求し始めたということができる。純粋に反対たる「他者」あるいは「自己の内なる異者」との完全な同一化（=「統一」）は、我々が目指すべき処である。しかし、同時に我々が最も恐れるべき処でもある。「統一」に完全に留まること（=「統一」の永続化）とは、個的生命の終焉（「統一」→「分離」→「区別」→「統一」→……という運動の停止）でもあるのだ。人間が人間として生きていこうとする以上（人間であることを放棄しない限り）、「統一」に留まり続けることはできないのである。

第19回
「生」と「死」のパサージュ（通路）

熊楠は、いわゆる那智隠栖期時代（1901 ～ 1904 年）、精神的危機状態にあった（第 17 回〈近代科学とオカルト〉参照）。深山幽谷の那智山における孤独、不本意の帰国、親族からも理解してもらえないことに対する不満（何の学位もとらずに帰国した熊楠を親族はどうしても理解できなかった）などによるストレスが重なり、この時期熊楠は完全に「精神的危機」に陥っていた。この頃の日記や書簡には、「死」の文字が多く現れる。

死出の山路くまざゝはえしし合せや 死出の山路はなほさゝ（酒）斗り

（1904.1.1 付日記『日記 2』p.397）

この状一度封せしが、思い出づること少々あるから、死なぬ間に聞かせやるなり。

（1904.1.4 土宜法龍宛書簡『全集 7』p.441）

これらの記述からは、熊楠が明らかに自身の「死」を意識していたことが伺える。周知の通り、熊野・那智山は古来、「死」の影が付きまとう場所であった。那智山の一角を占めている妙法山の阿弥陀寺は、死者が詣でる寺として知られており、現在でも本堂には「死出の山路」の額が堂々と掲げられている。一方で、那智山は「再生」の場所でもある。例えば、源頼朝に源氏再興の旗揚げを促したことでも知られる文覚（もんがく）上人（1139 ～ 1203 年）は、那智の滝で修行中、一度息絶えたが、不動明王の使いである二人の童子によって再び蘇ったなどという伝説がある。この他にも、熊野あるいは那智山における「死」と「再生」にまつわる物語は、数多く残っている。

熊野・那智山――そこは「生」と「死」が混在する「異空間」なのである。筆者は、何度も那智山を訪れたことがあるが、その度にその「空気」が明らかに非日常的であることを感じた。そこでは「生」の世界と「死」の世界の「空気」が混じりあっているのである。そこは、二つの世界の「通路」＝「パサージュ」なのである。

熊楠はこの「パサージュ」において「死」を本当に間近に感じていた。日々「死」の世界へ入り込んでしまう可能性が熊楠には付きまとっていた。しかし、「死」を意識できるということは、その対極にある「生」があるからである。熊楠は「死」を間近に感じることで、「生」を放棄しようとしたのではない。熊楠は、確かに「生」を放棄したい程の自暴自棄に陥っていた。しかし、「死」を願えば願うほど、「生」はその輪郭をくっきりと現わすのである。なぜなら「生」なくしては「死」は考えられず、「死」なくしては「生」は考えられないからである。「生」だけ、「死」だけ、という在り方は決して成り立たないのである。

事実、熊楠が「死」を意識していたこの時期こそ、彼の思想は最も深化し、輝いていたのである。後に「南方曼陀羅」と呼ばれるようになる、熊楠の思想の中核が形成されたのも、この時期だった。また膨大な数の粘菌や隠花植物を採集したのもやはりこの時期であった。那智隠栖期、明らかに熊楠の「生」は輝いていたのである。

我々は普段、自らが本当の意味で、「生」を意識することはほとんどない。「生」は当たり前のものになってしまい、眼中にないのである。その時、同時に「死」も意識されることはない。「生」と「死」は、完全に隔離されてしまっているのが現状である。なぜなら、両者の「パサージュ」となる場が、現在の社会においては、ほとんど無いからである。また、そのような場があったとしても、そこは概して避けられる。特に現代の子どもたちは、この「パサージュ」に入ることを、社会によって、あるいは大人たちによって止められてしまう。例えば、「死」に瀕している親族のいる病室には「刺激が強いから」という理由で、最近の子どもたちは入れてもらえないことがあるという。子どもには那智山の山路を歩くのは危険だからといって、車で那智の滝を見に行くことも多いようだ。このようなことでは、決して「異空間」に漂う「生—死」の「空気」を味わうことはできないであろう。「生—死」の「—(ダッシュ)」は、いわば「パサージュ」である。この「—(ダッシュ)」の重要性が無視されているのが現状である。——「生」も「死」も知らない人間が、果たして本当の意味で「輝く」ことができるであろうか。当然、否である。

第20回

「幸せ」と「距離」
—東日本大震災によせて—

本連載執筆中の2013年3月11日、東日本大震災が発生した。第20回と第21回は、予定を変更し、「東日本大震災によせて」と題して筆者の思うところを述べた。

※

ハイデガー（Martin Heidegger 1889~1976年）によると「道具」とは、さしあたり「目立たなさ」の中にあるという。「道具」は「道具」として使用されている間は、我々に隠されているものなのである。「我々に隠されている」とは、つまり、我々に意識されていないということである。「道具」は、その本来の目的のために機能しているときは、その存在は忘れられているものだ。それが故障したり、手元になかったりしたとき初めて、それは我々にとって在るものになると言える。

例えば、我々の日々の暮らしの中で、電力やガソリンはこれまで完全に「地」になっていた。そして今回の大地震によって、それらは「図」として現れ出てきた感がある。日々の生活における電力やガソリンという「道具」の有難さは、我々の中で「当たり前」になりすぎて、あるいはあまりにも「近く」に在りすぎて、それらは「隠されて」いたのである。それが「当たり前」ではなくなったのは、この大震災によってであった。いわば「当たり前」が「遠く」に感じられるようになったのである。言い換えるならば、「遠さ」が、これまで当たり前になっていた「近さ」を呼び起こしたのである。我々人間にとって「近さ」は、そこから遠ざからなければ気付けないものである。それが人間という生き物の、他の動物とは異なる「特異性」でもあり、また「限界」なのかもしれない。

「不幸（遠さ）」が「幸せ（近さ）」を、改めて実感させる。人間は「幸せ」の只中にいるとき（幸せに巻き込まれているとき）には、「真の幸せ」を実感することはできない。しかし、「幸せ」に完全に巻き込まれているときでも、人間は不安を感じることがある。――「無」に対する不安である。それはいわば、自我が消滅の危機に瀕しているときであり、「巻き込まれ」によって完全に自我が吸収されてしまうのではないかという不安でもある。この不安が生じたとき、人はそこから抜け出そうとする。そうすることで「個」は完成され得る。このプロセスが個人の内部ではなく、外部の刺激によってもたらされることもある。完全な「幸せ」という、まだ不安さえ感じていなかった「のっぺらぼう（無）」に、例えば天災によって「切り込み」が入れられるときである。

「幸せ」はいつでも過去的である。「幸せ」の渦中（かちゅう）にいるときは「幸せ」を知り得ないし、ある意味「幸せ」ではない。そうかといって「不幸」でもない。人は、近すぎて隠されていた「幸せ」から飛び出した瞬間に、以前にあった「幸せ」を知るようになるのだ。そして人は再度、この「幸せ」に巻き込まれることを希求するようになる。

この未曽有の大震災を経験した我々は、「幸せ」という日々の「巻き込まれ」から距離をとることになった。さらに言うならば、我々は「生」という最も「近い」ものから離れてしまった。「死」を間近に感じることで、「生」がその輪郭をくっきりさせて現れ出てきたと言える。これまで我々が日々「幸せ」と感じてきた事柄は、実は、最も「近い」ものではなく、次いで「近い」ものだったと言えるかもしれない。

我々は今、再び「幸せ」を希求している。「幸せ」から離れた（離された）ことで、それを求める原動力は最大限に発揮されることになるはずである。これから日本（人）は、以前の「幸せ」を求め、再び動き出す。日々の「幸せ」から離れれば離れるほど、「幸せ」は光り輝いて見える（暗ければ暗い闇であるほど、天空の星空はより輝いて見えるように）。そしてそれは、そこへと戻ろうとする力を大きく働かせるものでもある。

人間が生きている限り「幸せ」は必ず取り戻される。しかし、取り戻される「幸せ」は、以前の「幸せ」と全く同じものではない。一度離れた所から「幸せ」を、或る種客観的に見た我々にとって、そして「不幸」を実感した我々にとって、今後得られる「幸せ」は以前の「幸せ」とは異なる（あるいは一段上の）新たな「幸せ」だと言えるであろう。人間はそれを信じ、希求し、努力し続ける。

第21回

心の防衛機制としての「退行」
―東日本大震災によせて（2）―

未曾有の大震災から約二カ月が経過した。町の復興が進む一方、まだまだ残された課題、今後予測される問題は数多く残っている。そのような中、現在（2011年5月）、被災地（東北）を中心に、幼児（主に3～6歳）の「赤ちゃん返り」が多く見られるという。「赤ちゃん返り」にはさまざまな症状があるが、総じて、幼児による、両親特に母親への「甘え」が過度に現われるものであると言える。これは、フロイトによるところの「防衛機制」の一つである「退行」と捉えることができる。「防衛機制」には、「投影」や「転換」「取り入れ」「反動」……などがあるが、どれも人が精神的安定を保つための無意識的な自己の働きとされている。

幼児は成人ほど自我がまだ強くない。震災によって身体は無傷で助かったとしても、心は傷つき、これまで充足されていたものが一部「欠落」してしまっている可能性があることは想像に難くない。「欠落」を埋めて「完全性」を希求することは、元来人間が持つ「欲求」である。人間は、欠けるところのない安定した「完全な理想の自己像」を求めるのである。当然、それは幼児に限ったことではない。本書で取り上げている、南方熊楠であれば、例えば「粘菌」に自身の「欠落体」を見出し、それを自身に「取り入れ」たり、自身の「アニマ」を「投影」したりしていた。しかし、熊楠のような成人とは異なり、幼児の自我は、より不安定かつ柔弱なものである。

生まれたばかりの赤ん坊は、母親とほとんど「一体化」「同化」している。ある時、赤ん坊が「ママ」と言葉を発して、母親を自分とは異なる存在者（他者）として認識するまで、赤ん坊は母親の愛情に完全に巻き込まれているのである。幼児の「赤ちゃん返り」は、もう一度、母親との「一体化」「同化」という巻き込まれを切望している兆候なのである。

被災した幼児は、震災後常に緊張状態にあった（今もある）。緊張状態は、今後いつ大きな余震が起こるのかという恐怖は勿論、慣れ親しんだ家とは異なる、避難所での多くの見知らぬ「他者」との関係における疲弊などが要因となっている。今、幼児の心は疲れ切っており、真の憩いの場＝母親の愛情による巻き込まれを求めているのである。「赤ちゃん返り」をしている幼児を持つ母親は、何も迷うことはない。そのような幼児を思い切り抱きしめて、「甘え」を、「退行」を、「わがまま」を「受けとめて」やれば良いのである。

人間は「完全性（統一）」が達成される直前に、必ず「分離」しようとする。人間が自己を持ち生きている限り、生きようとする限り、「統一」には決して留まり続けることはできない。「完全性（統一）」は、欠落したもののない、いわば「楽園」だが、そこは自己も他者も、幸せも不幸もない「無の世界」でもある。自己意識を持ち生きている人間は、その「無」に耐えることはできない。「無」への不安――言い換えるならば、完全な巻き込まれへの不安は、自我を確立する過程において、次第に大きくなるものなのである。（自我中心の、あるいは「個」を最重視する、いわば近代的自我構造〔システム〕が引き起こしているさまざまな問題は、ここではとりあえず横に置いておく。）

「赤ちゃん返り」をしている幼児の「欠落したもの」は埋めなければならない。放っておくと、それは心の奥深くに蓄積され、後で思わぬところで噴出する可能性がある。今は、幼児の「退行」を受けとめて、もう一度「完全性（に近い状態）」を味わわせてあげることが大切である。

――過度な心配はいらない。「完全性（統一）」に巻き込まれた幼児（幼児とはいえ、自我は既に獲得している）は、必ず自分の力でそこを抜け出そうとするものだ。抜け出そうとするとき、余計な引き留めがなければ、幼児は再び、歩き出す。

第22回
マンダラによるカタルシス効果

那智山において、熊楠は自身の思想に「創発」を起こした。那智山に孤居している時期、彼がロンドン時代に構想した「事の学」が、「南方曼陀羅」という熊楠の思想の中核を成すものへと昇華したのである（「南方曼陀羅」については、近々詳述する予定である）。「創発」とは、簡単に言えば、「下位層」とは明らかに違う「上位層」たる原理を生み出す力である。またそれは、これまで「蓄積」されてきたさまざまな事柄が、ある日、ある段階を超えたところで突然ジャンプし成功することでもある。それは機械には真似のできない、生命体特有の能力である。

「emergence（創発）」と「emergency（危機）」は、その語句を見ても分かるように、密接に関係している。熊楠が那智山で精神的危機状態にあったことはこれまで何度も述べてきた。己の「死」を常に感じながら、那智山という「生」と「死」との「通路（パサージュ）」において、熊楠は自身の思想に「創発」を起こしたのである。

「南方曼陀羅」は熊楠の思想の核であると同時に、彼自身の心のカタルシス（浄化作用）としても機能していたのではないか――つまりこの「マンダラ」を構築することで、彼自身の心に「統合性」が与えられていたのではないか――と筆者は考えている。なぜなら、「マンダラ」は心的な分離や不統合を経験している人の、それを統合しようとする心の内部の働きとしてしばしば現れるからである。それをC.G.ユング（Carl Gustav Jung 1875～1961年）は次のように述べている。

> マンダラが現れるのはたいてい心理的な分裂ないし錯乱の状態においてであって…（中略）…ノイローゼやその治療のために人間的性質の対立問題に直面し、そのために混乱している大人、あるいは理

解しがたい無意識の内容に侵入されて世界像が混乱してしまっている分裂病患者に現われる。それらの場合に明らかなように、その種の円のイメージの厳格な秩序が、心的状態の無秩序と混乱を補償しているのである。その補償作用は、中心点が構築され、それを中心にしてすべてのものが秩序づけられたり、あるいはさまざまな無秩序なもの・対立しているもの・結合できないものが同心円状に整然と配置されることによるのである。

（C.G. ユング著、林道義訳『個性化とマンダラ』みすず書房 1991 年 p.223 ～ p.224）

このようにユングは､彼の患者が「マンダラ」が心に生じることによって、あるいはそれを描写することによって平静を得、新たな統合性を志向していくという過程をさまざまな臨床の結果から述べている。ユングは彼の患者の夢や、描く画に、幾何学的模様（それはしばしば「円」や「4」がテーマになっている）が、しばしば現れ、それらが患者の心の内部より生じてきていることに気づく。たとえその幾何学的模様の意義が患者にとっては解らないことであっても、それが現われる際に深い平安や調和の感情が伴うことや、自己治癒の起点と感じられることを、ユングは非常に重要視していたという。そして、彼が後年チベットの文献を知るにおよび、東洋においてこのような図形の多くが宗教的に大きな意義を持つものとして存在し、それらが「マンダラ」と呼ばれていることを知ることになるのである。

熊楠は、彼が「精神的危機」状態にあった頃（那智隠栖期)、少なくとも三つの「マンダラ」を描いている。一つは､いわゆる「南方曼陀羅」（1903.7.18 付土宜法龍宛書簡、通称「第一マンダラ｣）であり、もう一つは、熊楠自身が「小生の曼陀羅」と呼ぶもの（1903.8.8 付土宜法龍宛書簡、通称「第二マンダラ｣)、そして 2004 年 9 月に京都高山寺で新たに発見されたもの（この 1902 年 3 月 25 日付の法龍宛の新書簡には、「猶太教（ユダヤ教）の曼陀羅」として、ダビデの星のようなものが描かれている）である。このように、那智隠栖期に熊楠が「マンダラ」に特別な関心を寄せていたことは明らかであり、このことは、その時期の彼の心理状態、つまり精神的危機状態と決して無関係ではないと思われるのである。

1904年10月に、熊楠は那智山を下りる。その後は田辺に定住し、結婚し家庭を持った。筆者の知る限り、田辺定住以降、熊楠が「マンダラ」を描いた書簡はない。これは熊楠の中で、一通りの「自己分析」が終了したこと、あるいは精神的危機状況を脱出したことを意味するのかもしれない。つまり熊楠は、那智の山奥で心理的な分離・不統合を「南方曼陀羅」などを通じて、ある程度統合することに成功したと考えることはできないだろうか。

第23回
「精神的危機」を克服して

いわゆるユング派による心理療法の特徴は、「対話」「造形」「夢分析」にあると言われている。

「対話」において、患者は現実にはありえないようなことを真剣に話すことがある。カウンセラーは、それを言葉通りに解釈するのではなく、そこに隠された無意識からのメッセージを読み取ることを重視する。しかし最も大切なことは、患者が心の内を吐き出すという行為自体にある。このような行為が、治療的意義を持つことは、古くから、教会における「告白」や「懺悔（ざんげ）」によって知られるところでもある。

「造形」には例えば、ユング派の心理療法において非常に有名な「箱庭療法」がある。絵画なども「造形」に当てはまる。「造形」によって患者は言葉では語りきれない「心のメッセージ」を表すことができるのである。

最後に「夢分析」であるが、これはその名の通り、患者が見た夢について、その意味をできるだけ深く探り、患者の「病」の正体とまでは言わないまでも、原因の一端になっているものを見出すことをいう。

「対話」同様、「造形」「夢分析」も、患者によるその行為の過程、あるいは行為自体に、自己を「安定」へと向かわしめる重要な鍵が潜んでいるように思われる。

那智山において熊楠は、書簡を通じてさまざまな人々と「対話」を行った。特に真言僧・土宜法龍との「対話」においては、個人的な悩みから学問論、セクシャルな話に至るまで、包み隠すことなく、赤裸々なまでに自らを語った。また、膨大な数の隠花植物や菌類等の写生や標本整理、さらには「南方曼陀羅」の作成などを通じて「造形」を行った。そして「夢」の不思議を研究した。彼の日記には非常に夢の記述が多いことが知られている（特に那智隠栖期の夢に関する記述は、長文が多く精彩である）。それはまるで「夢日記」の様相を呈しており、何故ここまで熊楠が夢にこだわり続けたのかは、今後徐々に述べていきたい。

「対話」「造形」「夢分析」を通じて、熊楠は精神的危機状況を自らの力で乗り越えたと言うことができる。そして、（「完全」ではないにしろ）心の安定を得ることができたのではないだろうか。山を下りた熊楠は、今度は更なる自己実現とアイデンティティの確保に力を入れることになる。その最たる例が、「神社合祀反対運動」であった。熊楠は、政府による神社合祀に伴う自然破壊に猛烈に反対した。それは、己の存在を奪いかねないものでもあったからだ。熊楠自身、「楠の樹を見るごとに口に言うべからざる特殊の感じを発する」（南方熊楠「南紀特有の人名」『全集 3』p.439）と述べているように、自分の名前に特別な感情を抱いていた。「熊楠」の「熊」は森の動物的生命を象徴し、「楠」は植物的生命を象徴することに、彼自身特別な意味を感じていたのである。つまりこのような名前を持ち、自然と自分の間に分かち難い特別な感情を抱いていた熊楠にとって、「生命そのもの」たる森が破壊されるということは、彼自身のアイデンティティが脅かされることにつながることであった。だからこそ、熊楠は必死に戦ったと言える（ちなみに神社合祀反対運動は、日本におけるエコロジー運動の先駆と言われている）。

また、熊楠は神社合祀反対運動を行う一方、民俗学に関する論考を次々と世に発表していく。それらは性的な、あるいは残酷な内容を扱ったものが非常に多い。このような内容はロンドン時代の論考にはほとんど見られなかった。しかしそれは、熊楠が自身の「影の部分（アニマ）」と真剣に向かい合った結果だったとは言えないだろうか。山を下りてからの熊楠の論考は、ロンドン時代のものよりはるかに人間の基層へ迫るものとなっている感がある。

筆者は、ここ数回に渡り、熊楠がどのようにして自身の精神的危機状況を克服したかを述べてきた。そしてその「危機（emergency）」において熊楠の「生」は最も輝き、彼の思想はより高次へとジャンプ＝「創発（emergence)」し、極めて独創的・創造的なものとなったことなどを述べてきた。「創造性」とは、人間（生命体）特有の能力である。それは決して機械には真似することはできない能力である。機械は、対象を精巧に模倣することはできる。しかし、その行為には、生命体のように（「直観」を伴う）独創的な何かを作り出す能力は備わっていない。故に、この「創造性」とは、生命体最大の特徴でもあると言えるのである。

第24回

熊楠と羽山兄弟 (1)
―熊楠の「片割れ」―

熊楠は、自身の「アニマ」(影・片割れ・純粋な反対)を粘菌だけではなく、人間にも投影していた。その投影対象となった人物は、羽山繁太郎(しげたろう)(1866〜1888年)と、その弟・蕃次郎(はんじろう)(1871〜1896年)という兄弟であった。これから数回に渡り、この羽山兄弟という、熊楠にとっての「絶対的他者」の「死」が、熊楠のその後の人生(生き方、在り方)にどのような影響を与えたかを述べていく。

この兄弟と熊楠との交際期間はさほど長くない。特に親密に交際したのは、熊楠が東京大学予備門を退学し和歌山に帰省(1886年2月)後、アメリカへ出立(1886年10月)するまでの、わずかな期間であった。それにも関わらず、この兄弟と熊楠の関係は非常に密なものであった。繁太郎・蕃次郎共に熊楠が在外中に夭逝(ようせい)してしまう(享年:繁太郎22、蕃次郎25)。しかし、熊楠はこの二人の面影を生涯抱き続けていた。

例えば、筆者が調べたところでは、熊楠が睡眠中の夢において最も多く見ている事柄は、この羽山兄弟に関するものであった。熊楠は青年期から晩年まで、ほぼ毎日日記を書き続けた。晩年は、「○時○分起る。その前夢に……」という書き出しで始まることが多く、まるで「夢日記」の様相を呈している。そして羽山兄弟に関する夢は、青年期から晩年まで、熊楠は恒常的に見ているのである。つまり、それほどまでに羽山兄弟は熊楠にとって大きな存在者だったのである。

夢の記憶とは、往々にして人の深層心理を描き出したものであり、そこには普段意識していない「自己」に含まれる「アニマ」あるいは「アニムス」、つまり自己の「内なる他者」の存在に気付かせるものが多々現れる。そのような意味でも、筆者は夢の考察は、人間を深く知る上で欠かすことができないものであると考えている。
以下は、熊楠の日記からの抜粋である。

> 1889 年 4 月 24 日 [水]　陰
> 昨朝亡羽山繁次〔太〕郎氏を夢み、予、君死たるはうそなりやと問ふに答へず。今朝羽山蕃次郎子を夢む。今夜を徹していねず。
> （『日記 1』 p.202）

> 1897 年 12 月 23 日 [木]
> 朝、羽山蕃とやる夢を初て見る。
> （『日記 2』 p.42）

> 1898 年 4 月 28 日 [木]　微雨
> 朝羽蕃、前よりやる夢みる、ぬく。
> （『日記 2』 p.57）

> 1899 年 11 月 14 日 [火]　晴
> 朝羽山兄弟を夢む。又長尾駿郎も。
> （『日記 2』 p.126）

これら以外にも、熊楠は羽山兄弟の夢を数多く見ている。また、上で引用したように、熊楠は羽山兄弟との「intimate」な（肉体関係をほのめかす親密な）関係を表す夢もしばしば見ていたようだ。

我々は、羽山兄弟について、熊楠による記述と、わずかに残された写真でのみ知ることができる。繁太郎・蕃次郎共に、病弱な美少年、品行方正、大人しい青年といった印象である。写真で見る羽山兄弟の面持ち（おももち）は、丸みを帯びた面長の輪郭に小さな口元をしており、極めて女性的である。羽山兄弟が不治の肺病を患っていたのと同様、熊楠も「癲癇」という不治の病を患っていた。とはいえ、その他は羽山兄弟のイメージとはまるで正反対のようである。

熊楠は決して美少年とは言えない。前歯の何本かは若い頃に抜いてしまい（抜けてしまい）無かったという。「南方若翁」というニックネームをつけられる程であった。また野山を駆け廻る野生児であり、行動は大胆で、性格は激高的・突発的なものであった（このような特徴は、彼の突然のキューバ採集旅行や、大英博物館での暴力事件などといった出来事からもわかる）。また、青年期は非常に科学的・論理的思考を重視していた。――しかし、これらは彼の一面にすぎない。まさに「ペルソナ（仮面）」である。このような熊楠像は、時に熊楠自身が大げさに語ることで、時に周りの人々がそれを面白おかしく取り上げることで、さらに大きく膨らんでいった面がある。では、実際の熊楠とは、どのような人物だったのであろうか。それを考察することは、人間の「在り方（生き方）」を深く知るヒントになり得るものである。また特に、羽山兄弟と熊楠との関係は、本書で中心的に捉えている「自己―他者」を考える重要な鍵となるものでもある。

第 25 回

熊楠と羽山兄弟 (2)

―「実際の」熊楠―

熊楠は、自身を科学的、論理的、分析的思考の持ち主だと考えていた。また、我々の多くは、熊楠と言えば、大胆かつ豪放で、いかにも男性的な人物だと考えがちである。例えば、熊楠の有名な写真に「林中裸像」というものがある。熊楠が、上半身裸で腰巻だけをつけて大木の横で腕組みをしながら仁王立ちしている写真である。いかにも男くさい写真である。しかし、これは熊楠のほんの一面でしかない。だが、このような写真があまりにもインパクトが強いため、実際の熊楠が見えにくくなってしまっているのである。

実際の熊楠は、非常に内気で、小心者で、実に繊細な神経の持ち主であった。特に、初対面の人に会うときは極度に緊張していたようだ。柳田國男との奇妙な対面（熊楠は、二日酔いで布団から顔を出さずに柳田と話をしたという）然りである。大勢の前で話をすることは、さらに苦手であった。國學院大学での講演（演壇に立ったものの、話はせず「百面相」をしたという。この「百面相」は「歪顔発作（わいがんほっさ）」か「眼瞼痙攣（がんけんけいれん）」ではなかったかと見る研究者もいる）然りである。柳田との対面のときも、國學院大学での講演のときも、熊楠は事前に緊張をほぐすために、酒を大量に飲んでいる。酒を飲まない熊楠は非常に大人しかったと言われている。また熊楠は研究中に周りが騒がしいと、しばしば怒っている。周りの物音に、大変敏感だったようだ。つまり、熊楠は非常に繊細な神経の持ち主だったのである。それは彼が残した膨大な量の綿密な植物等の彩画を見ても伝わってくるものである。

このような熊楠像は、しばしば「本当の熊楠は……」「実際の熊楠は……」という接頭語付きで語られることが多い。「本当の熊楠」「実際の熊楠」とは、つまり「表面上の熊楠ではなく、裏面（あるいは深層）の熊楠」ということである。

国文学者・笠井清（かさいきよし）（1906~1995年）は、熊楠が持つ「男性性」と「女性性」について、以下のように的確に述べている。

> これまで熊楠のむこう見ずなほど勇敢だった男性的な強気と奔放についてしるしたが、実は彼の性格にはそれとは相矛盾するやさしい女性的な弱気も内在していたのであって、彼は内心両親に対して何らの孝養もなし得ず、多年の外遊も十分な成果をあげ得なかったことを恥じており……（以下略）
>
> （笠井清『南方熊楠』吉川弘文館 1967年 p.173）

笠井は、熊楠には「女性的な面」が内在していたと述べている。男性の外面を形成している「ペルソナ」の反対側には、必ず「アニマ（理想の女性像）」がある。女性の場合は「アニムス（理想の男性像）」がある。そうやってその人の心は補完されるのである。当然、熊楠もその例外ではなかった。

熊楠の表面上の、もしくは彼自身が自覚していた科学的・論理的・分析的思考を重視する態度は、いわば男性的要素（ペルソナ）である。また熊楠は「女嫌い」を公言していた。大英博物館では女性の甲高（かんだか）い声が気に食わず、それを制したことが原因で騒動を起こし、同館を追放されている。また「からかわれた」と言って、女児や老女に暴力を振るうことさえあった。

熊楠は、在英中の1897年11月、大英博物館内でイギリス人を殴打し入館を差し止められている。翌月には復帰するが、1898年12月、上述したように、館内で女性の高声を制したことから再び紛争を起こし、これが決定的な原因となり同館を追放されることになった。「…又出、家の老婆を打、巡査と争い入牢」（1898 年 11 月 17 日付日記）など、特にロンドン時代後期の日記には、女性に暴力を振るったり、激怒したりする記載が多く見られる。

しかし、そのような女性に対するあからさまな嫌悪感や威圧的態度こそ、彼の内面の抑圧された部分あるいは劣等なものの裏返しでもあったと考えられる。そして熊楠の、そのような過激とも言える外面的態度（ペルソナ）の深層にあり、それと対極をなす、あるいは相補性をなす「アニマ」は、女性にではなく、彼の「深友」であった故・羽山兄弟に見出されていた (第 24 回〈熊楠と羽山兄弟 (1)—熊楠の「片割れ」—〉参照)。

「ペルソナ」が大きければ大きいほど、それと相補性を成す「アニマ」も同様に深大なものとなる。「ペルソナ」と「アニマ（あるいはアニムス）」との関係を深く考察することは、決して心理学だけによる領域ではない。そこには「自己—他者」あるいは「統一—分裂」を知る上で最も重要な要素が包含されている。つまり、「自己」と「他者」との間・関係（倫理）から「統一→分裂→区別→帰還→統一→……」という無限の循環＝生命の実相を知るという意味で、それは「生命倫理学」の考察領域とも言えるのである。

第 26 回

熊楠と羽山兄弟 (3)
―ペルソナとアニマ―

熊楠の大胆な行動、科学・論理を重視しようとする姿勢、強気な態度などは、いわば彼の「ペルソナ」であって、その深層には、それらとはまったく正反対の、大人しく、恥ずかしがり屋で繊細な熊楠がいた。それらは熊楠の「アニマ」であったと言える。

「アニマ」は、外部の対象へ投影される。人は、心の深層の「アニマ」を外部へ投影することで、目に見える形で具現化しようとするのだ。いわば、「外なる他者」へと向かうエネルギーは、自己の「内なる他者」によって可能になると言える。

我々は「ペルソナ」だけで生きてはいない。必ずそれとは相補性を持つ「アニマ」、あるいは女性の場合、「アニムス」を持っている。そして、それらを何らかの形で具現化し、意識し、取り込むことで、自己自身を補完しようとするのである。特に、人と人とが強く惹かれあう背景・根底には、必ずこのような関係がある。

（同性愛的な気質を持っていた）熊楠の「アニマ」は羽山兄弟が亡くなるまで、彼らに投影されていた（羽山兄弟の略歴・彼らの特徴等は、第 24 回〈熊楠と羽山兄弟 (1)―熊楠の「片割れ」―〉で述べた)。像（イメージ）としての「アニマ」と、実在する羽山兄弟は、熊楠にとって完全に一致する程のものであった。だからこそ彼は、羽山兄弟に特別に惹かれたのではないだろうか。羽山兄弟こそ、まさに熊楠を補完し安定してくれる「アニマ」だったのではないだろうか。

以下は、熊楠の日記からの抜粋である。

1886 年 4 月 20 日 [水]　晴
朝入浴。尾崎の上総氏夫妻にあふ。宿を吉田屋に転ず。
Hayama S. is my [以下欠文]

（『日記 1』p.70）

1886 年 4 月 29 日 [木]　曇
終日在寓。一昨日より右頬痛漸次癒るに似たり。
[寄書] Mr. MINAKATA is my intimate friend. S. H.

（『日記 1』p.70）

1886年4月29日の日記には「Mr. MINAKATA is my intimate friend. S. H.」と記されている。「S. H.」とは、「羽山繁太郎」のイニシャルである。これは熊楠が、繁太郎に直接書いてもらったものである。4 月 20 日には、熊楠自身が「Hayama S. is my」と書き、以下は文が欠如している。様々な想像が働くが、おそらく「intimate friend」と同じような意味合いの言葉を書こうとしたに違いない。あるいは、それよりもっと深い意味のある語を書こうとしたのかもしれないし、もしくは、言葉で表わすと意味が軽くなると考え、あえて空白にしたのかもしれない。

熊楠と羽山繁太郎は「intimate friends」であった。「intimate」とは「親密な」という意味であるが、肉体関係のある「親密さ」をほのめかす語である。彼らは「親しい」仲というより、「深い」仲であった。「親友」というより、「深友」とでも言うべきであろうか。

また、熊楠と繁太郎にまつわる話として、例えば道成寺（どうじょうじ）（和歌山県日高郡）の瓦を二つに割り、それぞれを分けて持つようにしたというものがある。

1886年4月27日[火]　陰

終日在寓。繁太郎君、道成寺平瓦を割き、半を贈らる。

（『日記1』p.70）

この「契り（ちぎ）」を交わすかのような行為は、二人の関係をまさに象徴的に表すものである。お互いが、一枚の「完全」な瓦の半分を持つ——それは互いの「片割れ」があって、初めて「完全」になることができることを意味する。熊楠の「アニマ」という半分は、繁太郎そのものであった。お互い、相手がいることで「完全」になれる（全てが満たされる）こと（＝「統一」へ帰還できること）を認識していたのではないだろうか。

しかし、熊楠が渡米の後、繁太郎は結核によって夭逝したため、二人は再び現世で出会うことはなかった。

ちなみに、道成寺は、安珍・清姫伝説で良く知られている。この激しい愛と憎悪の伝説の舞台で「契り」を交わす行為には、やはり特別な意味を感じざるをえない。

第 27 回

熊楠と羽山兄弟 (4)

―「絶対的他者」―

羽山繁太郎・蕃次郎二人の兄弟の面影は、熊楠の脳裏から終生離れることはなかった。それは彼らの早世によって、より強烈な思い出となった（兄・繁太郎は 22 歳で、弟・繁次郎は 25 歳で夭折（ようせつ）した)。この二人の兄弟は、熊楠の内で、時に美化され、時に神聖化されながら、いつまでも彼と共にあった。熊楠は、いつも亡くなった二人の「影」（それは熊楠自身の影〔片割れ・アニマ〕である）を追い続けていたのである。――羽山兄弟は他者でありながらも、熊楠自身を構成するものであった。つまり、羽山兄弟は、熊楠にとって「絶対的他者」だったのである。この「他者」を失うことは、熊楠自身の消失さえ意味する。「他者」がいなければ、当然、自己は在りえない。従って羽山兄弟の死後、熊楠は自己を保持するため、必死で「他者」（羽山兄弟の「代替者」）を見つけ出そうとした。そして熊楠はその度に､その「他者」から「跳ね返され（押し戻され)｣､孤独(自分は一人であること)を感じることになるのである。

死後も、熊楠からこれだけ愛された羽山兄弟は幸せだったであろう。そして残された熊楠は悩み、苦しみ続けたに違いない。しかし、熊楠は羽山兄弟の「代替者」を作り出し（完全な「代替者」を作り出すことは永遠に不可能であるが)、それに働きかけることで、自己を再認することができたとも言える。

以下は、ロンドン滞在時の熊楠の日記の抜粋である。

1899 年 7 月 25 日 [火]

午後美術館に写(門氏と飯田氏方にあひ､共に)。それよりハイドパークを経てクインス・ロードに至り、酒店にて別嬪、羽山繁に似たるものにあひ、四片只なげのこと。それよりアールスコートをへて帰る。

(『日記2』p.111)

1899年9月18日[月]
六時三分より美術館に写。それより出、ホワイトレーに浴す。帰途、彼酒店にのむ。羽山に似たる別嬪来り手握んとす。予不答、別嬪怒り去る。帰途レオンと話す。それよりナッチングヒルに飯ひ、歩して帰る。

(『日記2』p.118)

この羽山繁太郎に似た女性に関する記事は、これら以外にも、この頃の日記にしばしば見ることができる（やはり、弟・蕃次郎を見知らぬ美少年に投影することもあった）。熊楠はロンドンにおいて、故・羽山繁太郎（熊楠の「アニマ」）を、ある酒場のバーメイドに投影していたのだ。繁太郎はもうこの世にいない。もはや二度と「intimate」な関係を結び、一つに溶け合うことはできない。もはや道成寺の瓦（第26回〈熊楠と羽山兄弟(3)―ペルソナとアニマ―〉参照）の「片割れ」を手に入れることは一生できない。熊楠は一生「片割れ」を失った不完全な状態で生きていかねばならなかったのだ。しかし、熊楠は「完全性」をどうにか取り戻そうとして、「片割れ」の代わり（代替者）を見つけ出そうとしていた。熊楠も頭では、羽山兄弟とまるで同じ、完璧な「片割れ」を見つけることは不可能だということは理解していた。しかし、彼の「無意識」は、やはり「片割れ」を求め続けていた。その結果、羽山兄弟は夢という形となり、あるいは「幽霊」という形となり、熊楠の前に現われることになった。また上述のように、ロンドン時代には、酒場のある女性にその「片割れ」を投影していた。

> 外国にあった日も熊野におった夜も、かの死に失せたる二人【羽山繁太郎・蕃次郎】のことを片時忘れず、自分の亡父母とこの二人の姿が昼も夜も身を離れず見える。言語を発せざれど、いわゆる以心伝心でいろいろのことを暗示す。その通りの処へ往って見ると、大抵その通りの珍物を発見す。それを頼みに五、六年幽邃極まる山谷の間に僑居せり。これはいわゆる潜在識が四境のさびしきままに自在に活動して、あるいは逆行せる文字となり、あるいは物象を現じなどして、思いもうけぬ発見をなす。
>
> （1931.8.20 岩田準一宛書簡『全集 9』p.25）（【 】内―唐澤）

終世、この二人の兄弟の姿は、熊楠の脳裏から離れることはなかった。二人は常に離れず熊楠と共にあったのである。同時に、この「絶対的他者」の「死」は、熊楠に、自身の「生」をより強く実感させることにもなった。

第28回

熊楠と羽山兄弟 (5)
―押し戻しと個別性―

1899年9月18日の日記には、「羽山に似たる別嬪来り手握んとす。予不答、別嬪怒り去る」とある（第27回〈熊楠と羽山兄弟 (4)―「絶対的他者」―〉参照)。熊楠は、繁太郎の「代替者」を作り出した(「捏造」した)。しかし、それはやはり、繁太郎ではない。それに気付いた熊楠は、女性の握手を断った。熊楠は女性を、いわば「跳ね返した」のである。しかし、それは同時に、女性から熊楠が「跳ね返された（押し戻された)」ことを意味する。熊楠はあくまでも、この女性に繁太郎を見ていた。しかし、女性は女性自身として熊楠に近寄って来た。その現実が熊楠のイメージ（アニマ）を裏切ったのだ。つまり、「やはり繁太郎ではない」という事実を、熊楠に突き付けたのである。今まで遠くから見ていたこの女性が、熊楠に触れようとした瞬間、熊楠は現実に引き戻された。熊楠は、彼の「アニマ」と、今触れようとしているこの女性が、合致しないことに気付いてしまったのである。つまり熊楠は、現実において女性を「跳ね返す」と同時に、女性から熊楠は「跳ね返された」のである。しかし、この「跳ね返し（押し戻し)」が、熊楠の「生」に「負の面」のみを与えたと考えてはならない。「自己―他者」における、この「跳ね返し（押し戻し)」こそ、本当の「生」(と同時に「死」）を知る鍵概念なのである。

また、これまで見てきた、熊楠の同性愛志向や過剰なまでの羽山兄弟へのこだわりを、熊楠の脳の器質的（病理的）な面だけに帰すべきではない。河合隼雄は以下のように述べている。

> 筆者【河合】に治療を受けに来た同性愛と夢中遊行に悩むスイスのある男子の高校生が、その同性愛の対象となっている学生のことを話しているうち、「ああ、結局、彼は私です。私の心のなかでこうあって欲しい、こうあって欲しかったと思っている私の姿、それが彼なのです」と叫び出すように話したことがある。…（中略）…しかし、この異常なことを病理的な面でのみとらえずに、この行動のなかには、かれの生きることを願い、そうありたいと願っている心の働き、つまり、そのような異常な行動をとってさえ、自分の人格のなかに欠けたものを取り入れ統合しようとの試みがなされていることを読み取ることが大切であると考えられる。
> （河合隼雄『ユング心理学入門』培風館 1967年 p.221 ～ p.222）（【 】内—唐澤）

河合のこの言葉は、熊楠にそのまま当てはめることができる。彼の同性愛的気質や羽山兄弟への強いこだわりが、もし「異常」であるならば、そのような「異常」な行為をしてまで自身に取り込もうとした「人格のなかに欠けたもの」とは一体何なのか、なぜ取り込もうとしたのか、その試みの背景を知ることが必要なのである。熊楠と羽山兄弟は一身同体であった。熊楠と羽山兄弟の関係を見る際、重要なことは、熊楠という人物の「在り方」や行為の「意味」なのである。そして、それらを通じて「自己—他者」を考えなければならない。決して脳の器質的問題だけに還元すべきではないのだ。

終世、この二人の兄弟の姿は、熊楠の脳裏から離れることはなかった。二人は常に離れず熊楠と共にあった。熊楠は、二人の「幽霊」が暗示した場所に行くと、大抵「珍物」（珍しい生物や新種の生物）を発見したとさえ述べている（第27回参照）。

熊楠は、羽山兄弟に完全に囚われていた。では、羽山兄弟に囚われていた熊楠は、まったく従属的で独自性を持たない、非自立的な人間だったのだろうか。

否、熊楠が形成した「代替者（ロンドンの飲み屋の女性の他にも、日記に『羽山に似たる○○』などとして何度か出てくる者たち）」は、熊楠をいつも跳ね返した。熊楠は跳ね返され、押し戻されることで、孤独と共に「個別性」（そして、強烈な「生」の感覚）を獲得していたのだ。

しかし、果たして「個別性（独自性）」を獲得することは本当に良いことなのか——この問いに対する答えには留保が必要である。簡単に答えの出せる問題ではない。「個別性」を重視しすぎた結果、「近代」以降の様々な問題（脳死や臓器移植の問題然り）が起こったことは、ここで詳述するまでもない。しかし、少なくとも熊楠の場合、羽山兄弟の「死」や投影した他者（羽山兄弟の「代替者」）からの跳ね返しによって、「個別性」を獲得した。そして熊楠個人の「生」を生きることができた。

第 29 回

熊楠と羽山兄弟 (6)
―エネルギーの根源―

自己と他者との関係について、哲学者のヘーゲルは、端的に以下のように述べている。

> まず、自己意識は他方の自立的な実在を廃棄することによって、自分が実在であることを確信することに、向って行かねばならない。そこで次に、自己自身を廃棄することになる。というのは、この他者は自己自身だからである。
>
> （G.W.F. ヘーゲル著、樫山欽四郎訳『精神現象学 (上) 』平凡社 p.220、以下『精神現象学（上)』とする）

熊楠は、羽山兄弟を失った。つまり、熊楠の「純粋な反対」たる他者は「廃棄」されたのだ。このことによって熊楠は「実在であること」を手に入れたように見える。しかし実際には、この「廃棄」によって熊楠自身も「廃棄」されることになる。なぜなら、羽山兄弟は熊楠の「アニマ・片割れ・影」であり、それは熊楠自身を構成しているものだったからである（他者なしでは自己は在り得ない。逆も然り)。

もはや羽山兄弟は蘇らない。こうして熊楠は「真の片割れ」の「代替者」を終世探し求めなければならなくなった。しかし、その「代替者」から熊楠は「跳ね返され」てしまう。その「どうしようもなさ」が、熊楠に「実在」を与えた。

しかし、夢の中において熊楠は、自身の欲求を満足させることができた。つまり、羽山兄弟を熊楠の「純粋に反対なもの（片割れ)」と見なし、思う存分「intimate」な関係を結び、溶け合うことができたのだ（第 24

回〈熊楠と羽山兄弟 (1)—熊楠の「片割れ」—〉参照)。その時、もはや熊楠（自己）も羽山兄弟（他者）も消え去り、瞬間的には「一つ」になっていた（夢というものは、現実と異なり、羽山兄弟がこの世を去った後も、それを可能にする）。しかし夢はいずれ覚める。その時「一つ」は分裂する。それは熊楠に再び孤独と実在を与えた。

しかし、この大きな「片割れ」を現実において失うことで、熊楠は熊楠になることができたと言うことができる。羽山兄弟の夢を見た熊楠は、目覚めた後、孤独を味わったに違いない。羽山兄弟は死んでしまって、この世にはいない。そして自分（熊楠）は今、生きている。この時熊楠は、「片割れ」の「死」を思うことで、自らの「生」を痛烈に感じていたのではないか。また、「片割れ」の「代替者」を探しても、やはり真の、完全な「片割れ」はおらず、孤独を味わった。そして同時に「生」を感じた。

熊楠は、対象（他者）から「跳ね返され」、自らを自らとして自覚した。熊楠は羽山兄弟の「死」によって、他の誰でもない「南方熊楠」を初めて自覚したのである。

もし羽山兄弟が生きていたら、きっと熊楠は、現在の我々が知る「南方熊楠」ではなかったであろう。熊楠のいわば「デモーニッシュ」な収集・採集行為は、自身の「片割れ（影・アニマ・半分）」を必死に求めてのことだったのではないだろうか。さらに言えば、自身の「完全性」を回復するために、何としてでもそれを取り込みたい、あるいはそれに入り込みたいという願望の現われだったのではないだろうか。熊楠が好んで研究対象として選んだものは、曖昧で猥雑、非合理的なものばかりであった（例えば粘菌〔特に原形体〕・幽霊・カニバリズムの歴史・迷信・俗信など）。いわば「アニマ」的なものばかりであった。熊楠は欠落した「片割れ（アニマ）」の充足を求めていた。あるいは、粉々になった真の「片割れ」の欠片を片っ端から収集・採集し、元の形に戻そうとしたと言えるかもしれない。

羽山兄弟の「死」は、熊楠にとって、非常に大きな喪失体験であった。しかし、熊楠による驚異的な収集・採集エネルギーの背景には、このような「絶対的な片割れ」との関係があったと言うことができる。

熊楠は、羽山兄弟との関係を通じて、対象との「統一」と「分裂」とを繰り返し行っていたように思われる。熊楠は、夢において今は亡き羽山兄弟との一体化を求めた。時に「intimate」な夢を見、その時熊楠は至福を味わった。しかしそれは、いずれ覚める（対象と分裂する）夢であるから至福であったのである。もし一体化＝「統一」の状態に留まれば（それが可能ならば)、それは自己の完全な喪失、あるいは「無の世界」に居ることを意味するであろう。

※　熊楠と羽山兄弟との深い関係についての詳細は、拙書『南方熊楠の見た夢—パサージュに立つ者—』（勉誠出版 2014 年）を参照されたい。

第30回

「事の学」について (1)
―心と物が交わる処―

「統一→分裂→区別→帰還→統一→……」という無限の運動こそ、まさに生命である。「自己と他者の区別を生みだし、また自己と他者を同化しようとする」この無限の運動、これは熊楠と粘菌（あるいは羽山兄弟）の間のみならず、全てに通ずる事柄なのである。

では、例えばこのように「区別」された二つのものに対し、我々はどのようにアプローチすべきであろうか。我々は、それらを別個バラバラに研究するべきであろうか。――熊楠は、そのような研究方法に強く異を唱えていた。

熊楠は、「心界と物界とは分けて考えることはできない。それらが交わる（その作用を熊楠は「心物両界連関作用」と呼んでいる）処が『事』であり、それこそ我々が最も考えなければならない事柄である」と主張した。このような考え方を、熊楠は特に「事の学」と呼び、それは常に彼の研究を根底から支えるものとしてあったようだ。

「心界」と「物界」、これを自己（自分）と他者（他人）と考えれば、両者が交わる「事」とは、いわゆる「人間関係」と言えるであろう。言い換えるならば、自己と他者が「適当な距離」をとりつつ交わっている両者の関係、あるいはその関係を持てる「場」である。「場」があってこそ両者は成り立つ。このような「事」の重要性（「自己―他者」関係・「在り方」に対する見方）を熊楠は考えていたに違いない。

熊楠が「事の学」を構想したのは1893年である。今から約120年以上も前になる。彼は、分析的・客観的・量的・物質重視・理性重視・普遍性重視……など、いわゆる近代合理主義が世界を最も席巻（せっけん）していた時代に、近代科学（特に「心」と「物」とを分断する研究方法）の限界を既に感じ取っていたのである。しかし熊楠は、いわゆるホーリスティック（holistic）な、あるいはニューエイジサイエンス（New Age Sciences）的な「融合」を目指そうとはしはなかった。

熊楠は、近代物理学による成果は素晴らしいものだと素直に認めている。しかし「それはただ現象を整理し、順序良く並べて説明したに過ぎない」とも述べている。また、熊楠はロンドンから帰国後、オカルティズムに非常に関心を示したが、決して「神秘主義」を推奨しようとはしなかった。熊楠の「ペルソナ」は、常に論理的・科学的思考なものであり、彼の「アニマ」は、常に曖昧で非論理的なものであった。そして両者を含めて「南方熊楠」という人物は存在しえた。

熊楠は、「事」を考えることで、「心」と「物」を深く知ることができ、またそれらの共通点や違いは見えてくると考えた。我々のように「精神」（心）と「肉体」（物）とを分断し、各々から考えることで人間の在り方（事）を知ろうというものではない。「事の学」――今の言葉で言い換えれば「人間学」もしくは「人間関係学」になるだろうか。あるいは、これまで筆者が主張してきたように「『自己―他者』を通して『生命』の全体（生命そのもの）を捉える学」＝「生命倫理学」だとするならば、「生命倫理学」も「事の学」に通ずると言えるであろう。

先端科学医療技術などによって、我々は人間の「肉体」の最深部・最細部まで知ることができるようになった。しかし、それは人間あるいは自分以外の「他者」を真に理解したということにはならない。神経心理学においては、人間の行動や精神機能を、脳の神経学的構造と関係づける。言い換えれば、脳を分析すれば「精神」もわかる、というものだ。詰まるところ、人間の「精神」もDNAによって作られたものであり、その構造が分かれば、いずれその機能もわかる、とする考え方である。このようなアプローチ方法はいわば「人間機械論」に根ざしており、これでは真に人間を理解したことにはならない。

また、極端に「他者（死者、霊的なものも含む）」とのつながりを持とうとする「精神世界（spiritual world）」のみを美化すべきでもない。人間は「他者」とつながり、一つに溶け合いたいという欲求だけではなく、その「他者」を搾取してでも生きようとする、ドロドロとした「生への欲望」とでも言うべきものをその内に潜めている（粘菌の原形体がバクテリアを捕食するのと同じように）。それを直視しない限り「人間全体」を捉えることは、決してできないのである。

第31回
「事の学」について (2)
—「事」と夢—

「心界」と「物界」とが交わる処が「事」である。我々はこの「事」を探求しなければならない――熊楠はこのように主張した。これが、いわゆる「事の学」である。熊楠はこの「事の学」を説明するために、楕円を二つ描き、左の楕円には「心」、右の楕円には「物」、そして二つの楕円が重なっている部分に「事」と記している。

熊楠は「事の学」について、友人の土宜法龍への書簡（1893年12月24日付書簡『全集7』p.145～p.146）において詳しく述べている。そして、その書簡からは、熊楠が「事の学」を考えるに至った経緯を知ることができる。「事の学」について述べる直前、熊楠は、自身の何気ない夢の話を三つ記している。それら夢の内の一つについて考察してみたい。夢の概要は、以下のとおりである。

――熊楠は、旧友と高野山の近くにある川を小舟で下っていた。川には黿（げん）（すっぽんの類）が浮いていた。船が傾いて、積んでいた書籍がみな倒れてしまった――。

熊楠は、この夢の中に「高野山」が出てきたのは、日中、知り合い宛の書簡の中に、高野山のことを書いたのでそれが記憶に残っていたからだと言う。また「川下り」は、昔、両親と弟と共に高野詣をしてその帰りに川下りをした記憶が思い出されたからだと言う。なぜ、そのような事柄を思い出したのか。それは、日中に高野山のことを書簡に書いたことに加え、睡眠中、外では雨が降っており、その雨が軒を打つ音が聞こえ、それが川下りを連想・想起させたからだと述べている。さらに「黿」については、日中『五雑俎（ござっそ）』（中国・明の随筆集）に載っていた画をちょうど見て、覚えていたからであった。「書籍が倒れた」のは、熊楠が寝返りをうった時、枕元に積んである本が、崩れ落ちたためだと言う。

熊楠は、この夢に関する記述において、どうやら「夢というものは、外的・物的要因が睡眠中の心身に何らかの影響を与えた結果現出するものである」と述べたかったようだ。つまり、夢とは、外的「物」的要因と、内的「心」的要因との交わりによって創出されるもの＝「事」だということである。いや、「事」という場があるからこそ、両者は交わることができるのだ。法龍宛書簡において、一見、夢の話題の後、唐突に「事の学」が語られているようだが、実は、この夢の話題と「事の学」は密接につながっているのである。つまり、熊楠にとって「事」とは夢でもあったと言える。

また、熊楠はある論考において、以下のようなことを述べている。

> 扨烏羽玉（さてうばたま）の『夢』てふ物は死に似て死に非ず生に似て生に非ず、人世と幽界の中間に位する様な誠に不可思議な現象で種々雑多（ざった）の珍しい問題が夢に付て断（たえ）ず叢（むら）がり居る。
>
> （1918年11月～12月「夢を替た話〔南方先生百話〕」『牟婁新報』）
>
> （南方熊楠顕彰館所蔵）

熊楠にとって夢とは、外界の物的要因が睡眠中の心身に影響を与えて現出する、つまり「物」と「心」との「中間」に現われるものであった。さらにこの夢とは、生と死あるいは人世と幽界の〈中間〉でもあったのだ。「人世」とは、この世＝我々が生きている世界のことであり、「幽界」とは、あの世＝死後の世界（全てが「無」であると同時に、全てが充満している「統一」の世界）のことである。熊楠は、それらの〈中間〉についても考察すべきであると考えていた。

本書では、この〈中間〉と「中間」を使い分けたい。〈中間〉とは、「一」の世界（全てが溶け合い統一された世界：いわば「幽界」）と現実界（我々が生きている世界:いわば「人世」）とをつなぐ処とする。そして「中間」とは、外的・物的要因と内的・心的要因とが交わる処、あるいは自己（心）と他者（物）とが関係する（もしくは両者が「適当な距離」にある）場所のことと定義する。つまり「事」とは夢であり、夢とは「中間」であり、〈中間〉でもあるのだ。しかし、この〈中間〉と「中間」は位相を全く異にするものである。その理由を次回以降詳述する。

第32回

「事の学」について(3)
―「中間」と〈中間〉―

筆者は前回、〈中間〉とは、「一」の世界（全てが溶け合い統一された世界：熊楠の言うところの「幽界」）と現実界（我々が生きている世界：熊楠の言うところの「人世」）とをつなぐ処であり、そして「中間」とは、外的・物的要因と内的・心的要因とが交わる処、あるいは自己（心）と他者（物）とが関係する（もしくは両者が「適当な距離」にある）場所のことであると定義した。

我々は「普通」、対象といわば「適当な距離」＝「中間」を保って生きている。我々は、対象と何かしらの関係を持つことが可能な近さに居ながらも、それはその対象と完全に一体化してしまうほど近いというわけではない。また主体が対象に働きかけても、全く反応を示してくれないときや対象がどうにも主体の思い通りにいかないとき、主体は対象から離れ、独立あるいは孤立していると感じる。しかし、独立し、対象と離れているとはいえ、その対象に働きかけることができるだけの近さにも居る――これがいわば「適当な距離」であり、「中間」に居るということである。またこの微妙な距離を保つことが、現在社会においては「正常」「健全」「普通」と言われている。

一方〈中間〉とは、これまで熊楠と粘菌、あるいは熊楠と羽山兄弟との関係で見てきたように、一言で言えば「自己と対象とが溶け合い完全に統一された場所」に、極めて近い処である。瞬間的には対象と同一化できる処でもある。「自己と対象とが溶け合い完全に統一された場所」、そこは楽園（エデン）であると共に、「無」でもある。例えば、熊楠は夢の中において、羽山兄弟と「intimate」な（親密な）関係を結び「一」

になり、また研究においては粘菌と同一化するように観察を行った。そのような意味で、熊楠は、対象と瞬間的にではあるが一体化し「一つ」の世界へと帰還していたと言える（しかし、その「統一」状態は、決して長くは続かない。再び「分裂」し、自己へと戻る）。

熊楠が「事の学」と名付け、研究をしようとしていたのは、「中間」のことだった。もし熊楠が、我々の多くのように「中間」に留まることができる人間であったならば、おそらく「中間」を知ろうとする「事の学」は思いつかなかったであろう。「中間」に留まることは我々にとって「安泰」と「健全」とを意味する。しかし、熊楠という人間は、「中間」の両極に居ること——つまり対象から徹底的に離れて（逸脱して）しまうか、対象と同一化するほど極度に近くなってしまう（＝〈中間〉に居る）ことしかできない人間だったのだ。

「気に入らないものには反吐を吐きかけた」「大英博物館内で暴力事件を起こした」など、熊楠のいわゆる「奇人伝」は数多く残っている。熊楠がこのような逸脱した行為をとった理由は何だったのか。逸脱とはつまり、他者との「距離」が極端に離れてしまうことである。その結果、他者の気持ちに鈍感になり、感情移入ができなくなり、時に反社会的行動へつながることもある。極めて自己中心的・自己愛的になるとも言えるだろう。熊楠の逸脱行為は、他者への共感力の欠如を感じさせる。彼の日記を読むと、このような行為に対して反省・自戒の言葉は一切見られず、むしろ自慢しているかのようにさえ感じられるのである。これらの行動は、熊楠が、居るべき「中間」を見失った状態でもあったと言える。

一方、熊楠の、生物などへの研究姿勢は、対象と同一化してしまうほど鬼気迫るものであった。いや瞬間的には同一化していたであろう。彼は、対象に「indwelling（潜入・内在化）」し、その内部から対象を直観していた。日本神話・民俗の研究者であったカーメン・ブラッカー（Carmen Blacker 1924～2009年）は、論文「南方熊楠　無視されてきた日本の天才」において、南方の動機は、昆虫や、鳥、獣、植物、菌類のかたちをとった生命というものに対する、無私無欲の投入だったように思われる。

（カーメン・ブラッカー著、高橋健次訳、英国民俗学会機関紙『フォークロア』94巻2号 1983年、『南方熊楠百話』p.460）

と述べ、また柳田國男は

ところが先生だけは一つの本を読み続けると其夜きつと其言語ばかりで夢を見ると言つて居られた。それほどにも身を入れ心を取られて、読んで居る。書物の言語に、同化して行くことの出来る人だつた。さうして又際限も無く、新古さまざまの国の書物を、読み通した人でもあつた。

（柳田國男「南方熊楠」『近代日本の教養人』1950年、『南方熊楠百話』p.385）

と述べている。このような言葉からも分かるように、南方熊楠という人間は、常に「同一化」（あるいは「逸脱」）という極端（の極めて近く）にしか居ることができなかったのだ。

〈中間〉という、いわば空開処の解明――これこそが人と人との関係のみならず、「存在者」と「存在」（「生命そのもの」と言い換えても良い）との関係を明らかにする鍵でもある。

第33回

「事の学」について (4)
―「中間」と〈中間〉II―

「中間」と〈中間〉とは、位相（位層）が異なるものである――。この事柄について、もう少し詳しく説明しておく必要があると思われる。

筆者はここ何回か、

> 〈中間〉とは、「一」の世界と現実界とをつなぐ処であり、そして「中間」とは、外的・物的要因と内的・心的要因とが交わる処、あるいは自己（心）と他者・対象（物）とが関係する（もしくは両者が「適当な距離」にある）場所である。
>
> （第31回〈「事の学」について (2)―「事」と夢―〉、32回〈「事の学」について (4)―「中間」と〈中間〉―〉参照）

ということを述べてきた。では、そもそも「一」の世界とは何か。それは我々「個々の生命体」＝「存在者」に含まれながらも、それを超え出てもいる（超え出て大きく包み込んでいる）「生命そのもの」と言い換えることができる。あるいは、「存在者」に対して、端的に「存在」と言っても良いであろう。「存在」とは「存在者」を「存在者」としてあらしめる当のもの、あるいは「存在者」がそれを基盤として、そのつど既に了解されている当のものである。つまり様々な「存在者」をまさに有らしめている根底的なものが「存在」である。ハイデガーは以下のように述べる。

> さて存在とは何か？我々は存在をそれの始源的意味に従って現前存在（Anwesen）と考えよう。存在は人間にとって随伴的にも例外的

にも現前に存在する（west…an）のではない。存在はそれの語りかけによって人間に関わる（an-geht）ゆえにのみ、現成し（west）且つ持続するのである。何故ならば人間こそ、存在に向かって明濶に、存在を現前存在として到来せしめるからである。そのような現前 - 存在（An-wesen）は、或る明るさの明濶さ（das Offene）を使用し、かくこの使用によって、人間本質に委ねられている。

（M. ハイデガー著、大江精志郎訳、『同一性と差異性』理想社 1960 年 p.17 ～ p.18）

「現前 - 存在」とは、いわば人間と合する前の「存在」のことである。人間は、「存在」の呼びかけに応答する。「存在」は人間を必要とするのである。つまり人間こそが、「存在」からの語りかけを聞くことができるのである。また当然、人間も「存在」を必要とする。先述した通り、この「存在」は、いわば「生命そのもの」である。そして「生命そのもの」（存在）と人間（個的生命）とが互いに交流する場こそが、ハイデガーの言う「或る明るさの明濶（めいかつ）さ」である（あるいは「空開処（Lichtung）」と言っても良い。ぎっしりと生い茂った森にできた自由に開けたような処、暗く重い森でありながら軽く空かされたような処が「空開処」である。その意味で、そこは「明濶である」ということを意味する）。両者（存在〔生命そのもの〕と人間〔個的生命〕）が混じり合う「空開処」とは、つまり「存在―空開処―人間」という関係を示すのである。「空開処」、それこそがまさに〈中間〉である。語りかける「存在」と、呼応する人間では、一見「存在」の方が支配的であるように思われる。しかし、「存在」は人間によって語りかけを聞いてもらっているという意味では人間を必要としているとも言える。

「存在」と人間とのこのような関係を、即、人間と人間との関係に当てはめることはできない。語りかけは常に「存在」の方から人間へとなされており、そして、両者が混じわる（mix する）ための〈中間〉（＝「空開処」）がなければならない。一方、人間同士の場合、互いに語りかけ、両者は「区別」され、混じわる（mix する）ことなく、その「中間」（＝「適当な距離」）において交わって（cross して）いる。

> 我々は、対象と何かしらの関係を持つことが可能な近さに居ながらも、それはその対象と完全に一体化してしまうほど近いというわけではない。また主体が対象に働きかけても、全く反応を示してくれないときや対象がどうにも主体の思い通りにいかないとき、主体は対象から離れ、独立あるいは孤立していると感じる。しかし、独立し、対象と離れているとはいえ、その対象に働きかけることができるだけの近さにも居る――これがいわば「適当な距離」であり、「中間」に居るということである。
>
> （第 32 回〈「事の学」について (3)―「中間」と〈中間〉―〉参照）

〈中間〉は、「個的生命」が「生命そのもの（根源的な場）」からの呼びかけを聞く処、あるいは「根源的な力」を直接に感じる処であり、また互いに交流する（つまり、「個的生命」が「生命そのもの」に応答し、それ自身を了解する）場でもある。「生命そのもの」（存在）と「個的生命」（存在者）とは、〈中間〉という、いわば「通路（パサージュ）」において向かい合い、混ざり合うのである。

まとめると、「中間」とは、自己が対象と遠すぎることもなく、また近すぎることもない、「適当な距離」にある関係自身であり、〈中間〉とは、「自己と対象が統一された場所」＝「一」へと至る可能性をもつ場所なのである。

人間にとって、「生命そのもの（存在）」こそが最も「近い」ものであり、「存在者」は、いわば「次いで近い」ものである。しかし、差し当たり我々は目の前の「存在者」だけに注意を向けており、それを「近い」ものとし、「生命そのもの（存在）」は最も「遠い」ものとしてしまっている。――本源的に最も「近い」ものを思惟することが何よりも肝心である。あるいは、最も「近い」ものを深慮する「構え」をとることが大事である。

第34回

「事の学」について (5)
―楽園と狂人の域―

熊楠は「逸脱」と「同一化」という極端と極端（の極めて近く）にしか居ることができなかった。それは、熊楠自身の言動、あるいは彼の周りの人々の言葉などからもわかるものである（第32回〈「事の学」について (3) ―「中間」と〈中間〉―〉参照)。

対象からの完全な逸脱と、対象との完全な同一化は、自己が消滅する（それは同時に他者の消滅も意味する）ことであり、「無」（であると同時に全ての根源）あるいは「統一」の世界へ帰還することを意味する。熊楠は、「中間」に居る＝対象との「適当な距離」に居ることができず（おそらくそのような場を真に知らなかったと思われる）、そこに憧れつづけていたのではないだろうか。――そして「中間」と〈中間〉を考察した。

熊楠にとって、物と心とが交わる処が夢(事)であった。同時に、人世(現実界）と幽界（「一」の世界）との〈中間〉も夢であった（第31回〈「事の学」について (2) ―「事」と夢―参照〉。つまり、夢を探究することは、〈中間〉を解きほぐし、人世と幽界とを知ることでもあった。熊楠は彼の、「逸脱」と「同一化」という極端（の極めて近く）にしか居ることができない気質上、「中間」を〈中間〉の考察から知ろうとしたと言えるかもしれない。

熊楠がしばしば立っていたその場所＝〈中間〉は、ふとした瞬間にもう二度と戻ることが出来ない「無」の域へと入ってしまうような場所でもあった。そこ（「狂人（無)」の域）は恐れるべき処でもあり、しかしながら一方で、我々が目指そうとする処（楽園）でもある。時に人は自我を取り払い他者との一体化を望む。しかしそれは一瞬の快楽である。

一瞬であるが故に快楽である。我々はそれを知っている。そして時に人は他者との区別化を図る。他の誰とも異なる自我を守ろうとする。しかし社会で生きていく以上、他者との同調を心がける。つまり、このように我々は常に「適当な距離」をとる（「中間」に留まる）術を（暗黙的に）心得ているのだ。

熊楠は「中間」に留まること、「距離を適当に保つこと」が非常に苦手であった。極端（同一化）と極端（逸脱）の極めて近く（それは何かの拍子ですぐに「狂人」となり二度と戻ることが出来ないほどの位置）にしか居ることができない気質の持ち主であった。故に熊楠は「中間」を常に求めた。そうすることで、自らを「中間」に位置づけようと試みた。そうでなければ、熊楠は自ら憂えていた本当の「狂人」になってしまっていたのである。例えば、夢を考察することで、熊楠は「中間」に留まろうとした。〈中間〉と「中間」は位相が異なる。しかし、熊楠は〈中間〉を考察することで、つまり夢を知ることによって、それと共に、人世＝「中間」を知ろうとしたのだ。おそらく、そのような方法でしか熊楠は「中間」に留まる術を知らなかったのであろう。

※

――アダムとエバが楽園（エデン）を追放されたことは、我々人間が「一」の世界から「中間」へシフトしたことを意味する。つまり、「一」から分裂し、自己と他者との「区別」が起こったのだ。一度シフトした人間は、そこ＝「中間」に（「楽園」に思いを馳せながらも）普通、安住しようとする。否、人間は、自己と他者との「区別」や「距離」などいちいち考えなくとも「適当な距離」をとる術を元来心得ているのだ。しかし、そのような我々人間であっても、ふとした瞬間に「一」を感得することがある。だが、そのような出来事は大抵の場合、捨て置かれる。たとえそれを意識することができたとしても、生「と」死、人世「と」幽界、自己「と」他者というように、分断して考えようとする。〈中間〉そのものを知ろうとはしないのである。いや、既存の学問の枠内では〈中間〉は把捉できないと考えているのである。熊楠は何とかしてこの既存の学問を打ち破り、〈中間〉そのものを知る新たな学問を作り出そうとした。その萌芽が「事の学」であった（それはその後、「南方曼陀羅」へと昇華する。「事」の考察は、さらに「理不思議」「大不思議」という領域の探究へと展開していく）。

「事の学」は、熊楠の研究や生き方全てに反映されている。彼が残した膨大な数の日記・書簡・論考・彩画などには、「事の学」の重要な諸要素が散りばめられている。それらを丁寧に、包括的につかみとり、まとめ上げる作業は、後世に残された我々の大きな課題だと言うことができるであろう。

第35回
indwelling（潜入・内在化）

筆者は、本書において論を進めていく中で、これまで何度も「indwelling（潜入・内在化）」という言葉を使用してきた。「indwelling」は、本稿におけるキーワードであることは、もはや言うまでもない。それは「生命」あるいは「自己—他者」を考察する際、欠かすことができないものである。対象（他者）がいなければ、当然「indwelling」は不可能である。人間は、主体（自己）と対象（他者）とを区別する。他者がいなければ自己は存在しえない。逆も然りである。故に、この他者とは、自己を構成するものであり、また自己の「内なる異者」「片割れ」であるという意味では、他者へ「indwelling」するということは、自己が自分自身に「indwelling」することだとも言える。また自己は、「統一」（「無」でありつつも全てを生み出す根源的な場）を求めて対象へ「indwelling」し、一体化を希求するのである。

ここで、もう一度、この「indwelling」について簡単にまとめておきたい。対象（他者）の表層ではなく、深層・内部にはさまざまな言語化不可能な要素（elements）が含まれている。そのようないわば「諸細目」を、我々（自己）のいわば「網」で包括的につかみとらない限り、我々は対象をいつまで経っても真に理解することはできない。

「諸細目」の包括的な「統合」は、対象へ深く「入り込むこと（indwelling）」によってはじめて可能になるのだ。科学哲学者のマイケル・ポランニー（Michael Polanyi 1891 ～ 1976年）は、以下のように述べている。

> 事物が統合されて生起する「意味」を私たちが理解するのは、当の事物を見るからではなく、その中に内在化するから、すなわち事物を内面化するからなのだ。

（マイケル・ポランニー著、高橋勇夫訳『暗黙知の次元』ちくま学芸文庫
2003 年 p.40 〜 p.41、以下『暗黙知の次元』とする）

事物の外面のみを視覚によって見ることでは、その本当の「意味」、つまり暗黙的に「統合」されたもの（全体像）は決して知ることはできない。対象へ「内在化（indwelling)」することで初めてそれは可能になるのである。さらにポランニーは、

> 暗黙知は内在化（indwelling）によって包括＝理解（コンプリヘンション）を成し遂げること、さらにすべての認識はそうした包括の行為から成り立っている、もしくはそれに根ざしている。
>
> （『暗黙知の次元』p.94）

と述べている。つまり「暗黙知（言語化不可能かつ言語で知りうる以上の知)」は、「indwelling」によって獲得され、それは包括的理解（「諸細目」を統合した「全体像」を感じとること）を成し遂げることでもあるのだ。

我々は、非明示的に対象に潜む重要な「何か」を確実に感じ取ることができる。「私たちは初めからずっと、手掛かりが指示している『隠れた実在』が存在するのを感知して、その感覚に導かれている」（『暗黙知の次元』p.50）のである。言いかえれば、我々には、未だ発見されざるものを**暗に予知する**能力が備わっているということである。しかし、それを発揮するためには、相当な集中力と継続的努力が必要である。そのような「裏付け」があればこそ、得られた予知を「確信」することができるのだ。ポランニーは、コペルニクスの地動説を例に、以下のように述べている。

> コペルニクス派は、ニュートンが証明するまでの 140 年間にわたり、過酷な弾圧に抗して、地動説は惑星の軌道を計算するのに好都合な

だけではなく、紛れもない真理であるということを熱烈に主張していたものだが、彼らが確信していたのも、まさにこうした種類の予知だったに違いない。

（『暗黙知の次元』p.48 ～ p.49）

「こうした種類の予知」とは、つまり、「隠れた実在」を暗黙的に、しかし妥当に感じ取ること、いわば「ひらめき」である。

ここに出てきた「予知」あるいは「ひらめき」についてであるが、これはまさに、生命体特有の能力であると言える。これは「創造性（creativity）」につながるものである。「創造性」は、人間（生命体）特有の能力である。それは決して機械（machine）には真似することはできない。機械は対象を精巧（せいこう）に模倣することはできる。しかし、そこに独創的かつ唯一無二のものを作る能力は備わっていない。次回以降、この生命体最大の特徴とも言える「創造性」についても考察していきたい。

第36回

endocept「内念」

前回、「暗黙知（tacit knowledge)」は対象への主体の能動的な「内在化（indwelling)」によって獲得されること述べた（第35回〈indwelling（潜入・内在化)〉参照)。このマイケル・ポランニーの主張する「暗黙知」に近い概念として「内念」という言葉がある。

鶴見和子は、明晰で判明な「概念（concept)」の反対側にある、もやもやして形の定まらないものを「内念」と呼び、それを「endocept」と英訳した。これは鶴見の造語である。そして鶴見は、『南方曼陀羅論』の中で、数学者ジュール＝アンリ・ポアンカレ（Jules-Henri Poincaré 1854～1912年）の例を挙げ、その「言語化できない知」を以下のように説明している。

> 一例を申し上げますと、岩波文庫にも入っていますけれど、ポアンカレの『科学と方法』にとてもおもしろい話があります。ポアンカレは数学者です。一生懸命考えてみても、どうしてもうまくいかない問題があった。そのとき、急に旅行に行かなくてはならなくなった。そのころは乗り合い馬車に乗って行きましたが、馬車に足をかけた瞬間に思いついた、というのです。これが内念なのです。
>
> （鶴見和子『南方曼陀羅論』八坂書房 1992年 p.178）

ポアンカレは、馬車に足をかけた瞬間、あることが直観的に思いついた。それは、フックス函数における転換と非ユークリッド幾何学における転換は同じものである、ということであった。また鶴見は、熊楠に関してもこのような事を述べている。

夢の中のお告げで、こういうところに紅い藻があるという啓示をえて、翌日そこへいってみたら見つかった。そのことによって特定の藻類の分布について、定説をくつがえす発見をした、などという例を熊楠はあげている。これらの事例は、新しい考えや、事物の発見には、無律の時間にひらめく内念（endocept）が、貴重な発端になることを示している。

（鶴見和子『南方熊楠・萃点の思想』藤原書店 2001年 p.58）

ポアンカレと熊楠の「発見」は、まさに「暗黙知」あるいは「内念」によって可能になったと言える。そして鶴見によると、これを学問的に成立させるためには、「概念化」させなければならないという。そして、そのためにポアンカレは数式を用い証明し、世に受け入れられる形に変換したと述べている。しかし熊楠の場合は、「やりあて（熊楠の造語：偶然の域を超えた発見や発明、的中）」という言葉を用い、説明を試みるが、不完全なままその考察は終わっている（「やりあて」については、今後詳述する予定である）。因みに、熊楠は、しばしば上述のような「夢のお告げ」や「ふとしたひらめき」による植物の珍種の発見や、近親者の死の的中（いわゆる「虫のしらせ」）を経験している。そして熊楠は、そのような自身による偶然の域を超えた的中や発見などに、非常に関心を示し、また重要視していた。

鶴見によると、「創造性（creativity）」とは、異質なもの同士の結びつきから生まれるという。上述したポアンカレの事例のように、「フックス函数」と「ユークリッド幾何学」など、一見関係の薄そうな両者に共通性が見つかったときにこそ、創造的な事柄は成し遂げられる。「異質なものを結び合わせて、これまでになかった新しい考えや価値や技などをつくり出すのに成功すること」を、鶴見は「創造性」と定義している（鶴見和子『南方熊楠　萃点の思想』藤原書店 2001年 p.58参照）。そしてその「結びつき」を可能にしているのが「暗黙知」であり、「内念」

なのである。また、それが見事成功したとき、私たちは「創造的な何かを成し遂げた」と言うことができる。そしてその「可能性」を実現するための第一段階かつ最も重要なものこそ、主体の対象への積極的な関与、つまり「indwelling」なのである。

言うまでもなく、「生命体」には無数の「相反する諸要素」が含まれている（例えば、他者と一体化したいという欲求やその他者を搾取してでも生き延びたいという欲求など）。この混沌とした「生命体」を深く知り、新たな「発見」（近代合理主義的な見方を超えた新たな生命観の創出）を成すためには、「indwelling」は欠かすことができないものなのである。

第37回
「直入」とは

「心界」と「物界」とが交わる処に生じる「事」とは「人間」（あるいは、いわゆる「人間関係」）でもある。では、このような「人間」という存在者（ハイデガーの言うところの現存在）に、我々はどのようにアプローチすればよいのか。熊楠は以下のような言葉を残している。

> 事物心一切至極のところを見んには、その至極のところへ直入するの外なし。
>
> （1904.3.24 土宜法龍宛書簡『全集7』p.455）

つまり熊楠は、「心」と「物」、そしてそれらが交わる「事」である人間の至極のところ（さらに深層）を見るためには、そこへ「直入」する以外にない、と述べているのだ。「直入」――それは、筆者がこれまで使用してきた言葉で言えば「indwelling（潜入・内在化）」と同義である。対象の奥深くへと「直入」＝「indwelling」できたとき、「事・物・心」の一切の「至極のところ」（究極の場所）を見ることができるのである。

当然、「直入」がそう安々と、いつでも、誰でもができるわけではない。しかし、そのような方法でしか真に人間という複雑な存在者を捉えきれないことを知っておくことは重要である。そのような「構え」が必要なのである。

対象に「直入・indwelling」すること、それをもう少し身近な事例で考えてみよう。例えば、我々が芸術作品を鑑賞する際、どのようなとき感動を呼び起こされるかを考えれば分かり易いかもしれない。我々は表面上の色の配置や形や大きさを、視覚だけで分析することで、その作品を理解できるだろうか。感銘を受けることができるだろうか。そうではなく、芸術作品の世界に参入し、さらには創作者の精神に内在することで、初めて「審美的な鑑賞」が可能になると言える。それは機械には決して真似のできない、生命体特有の「共感性（sympathy）」と言えるものかもしれない。

心理療法などにおいても、カウンセラーがクライエントへ「共感」をもって深く入り込むことができた場合、そこには深い絆（これを「ラポール（rapport）」と言う）が生まれ、カウンセリングは飛躍的にうまくいくことが多いと言われている。

熊楠による生命体への観察行為も同じであった。熊楠の生物研究の特徴は、表面上の形態を見るだけではなく、その内側に「直入・indwelling」し、内部の力を知ろうとすることであった。「分析」という行為が外側から見る方法であるのに対して、熊楠の方法は対象になりきり、その内側から知る方法だったと言えるだろう。この方法は「直観」と密接に関係している。「直観」とはラテン語で「intuitio」であるが、それは動詞「intueor」すなわち「in」（内で）、「tueor」（観る）に由来する。つまり「直観」とは、対象を内側から知る方法、対象に入り込み、内在し、そこに潜む根本原理を直に観ることだと言える。

対象へ「直入・indwelling」できたとき、我々は真の理解に近づくことができる。しかし、それは「暗黙的な理解」と言うべきかもしれない。言語化することは非常に難しいものなのである。だが、明示化し難くとも、対象の複雑な要素は確実に我々の内で「統合」されている。それは、我々も日常生活において経験しているはずである。例えば、自転車の運転であったり、ピアノの演奏であったり、それらは、対象（自転車やピアノ）に瞬間的に自分が入り込み、一体となっている状態である。その時我々は、自転車の各部の複雑な構造やピアノの鍵盤の位置などをいちいち意識しなくとも、暗黙的にそれらを理解しているのである。——なぜなら、それは我々が対象へ「直入・indwelling」し、そこに含まれる諸要素を暗黙的に「統合」しているからである。

「直入・indwelling」によって、人間はより創造的な事柄を成すことができる。「暗黙知（tacit knowledge)」による芸術行為や、様々な発見・発明などは、周りを見渡せば、実はかなり多くあるはずである。

第38回

熊楠による対象へのアプローチ方法 (1)
—ナチュラル・ヒストリーの手法—

我々人間は、近代合理主義の名の下、「生命」という最も複雑で未知なるものを「分析」し続けてきた。その結果、得られた利益は計り知れない。21世紀に入ってすぐ、ヒトゲノム計画が完了した。つまりヒトがもつ全遺伝子情報のセットの解読が完了し、我々は人間の「肉体」の最深部まで知ることができるようになったのである。科学技術は「肉体」を完全に対象として捉え、モノとして扱うことに「成功」したと言える。しかし当然、まだまだ分らないことは山のようにある。あるいはこのような科学的方法によって、気付かぬうちに「間違い」を犯してしまっていることもあるだろう。そもそも生命科学技術が対象とするのは、「個的生命」のみであり、「生命そのもの」ではない。

熊楠によると、普通、人々は粘菌の「子実体」を見て「粘菌が生えた」と言って、「生きている」と考え、逆にドロドロした「原形体」は、まるで痰のように見えるので「死んでいる」と考えてしまっているという。しかし、以前に述べた通り（第4回〈粘菌とは (2)〉参照）、実際はむしろ逆なのだ。そのような「間違い」を犯すのは、我々が「子実体」の表面上の形態のみを見ているからである（極端に言えば、視覚のみを重視しているからである）。熊楠には、粘菌の深層へ「直入・indwelling」し、全てを取り込もうとする姿勢があった。だからこそ、人々とは違う見方ができた。対象を真に理解するためには、そのような「構え」が必要なのだ。そしてそれは創造的（creative）な知を構築するための重要な条件にもなると思われる。

また熊楠の生物研究においてもう一つ重要なことは、「死体を分析して捉える」のではなく､「生きたものを生きたものとして捉えようとする」姿勢があったことである。

> 顕微鏡の軽便に携帯のできるもの一つ、カバン一つに入れ得るだけの薬品等と、テント一つもあらば、その物の生える気候ごとにその所へ馳せ行き漕ぎ行き、生きたるものを生きたまま多く捉えて、その場で研究ができる。…（中略）…ニラバランを見んと思わば新庄村へ、シランを見たくば救馬谷へ、クモランを見たくば秋津村へ、チャガセキショウを見たくば上秋津へ行けば、天然性の植物景観を見らるる。たとい一万坪ありとも、異なる地勢、異なる土壌に生ずるものを、ことごとく集め栽えたところで、根が付くか消失するか分からず。生じたところで、病身または出来損いなど生ずるときは、正真の研究はできず。
>
> （1930.4.13 ～ 19『紀伊毎日新聞』『全集 6』p.175 ～ p.176）

異なる地勢、異なる土壌で育っている植物を採集し、ある一箇所に植えて育てても､うまく育つかどうか分らない。熊楠はここで､生物を育っている環境の下で生きたまま調査することが最も大切だと述べているのだ。「生きたるものを生きたまま」丸ごと捉える、これこそ熊楠の観察方法の真髄（しんずい）であったと思われる。

また鶴見和子は、熊楠の生物研究に関して以下のように述べている。

> 死体解剖よりも、生体を生きているままにその生きている環境の中で、仔細に観察することを説き、実践したのであった。南方の生物研究は、実験生物学の方法よりも、より以前の、ナチュラル・ヒストリーの手法によるものだった。そして粘菌は､そのような方法で､もっとも有効にとらえられると南方は考えた。
>
> （鶴見和子『南方熊楠―地球志向の比較学―』講談社学術文庫 1981 年 p.78）

ナチュラル・ヒストリー（natural history）、つまりそれは「博物学」であり、特に、学問分野が細分化され、動物学や植物学などが生まれる以前の呼称である。熊楠の生物研究（生命体研究）は、細分化された学問からではなく、より総合的なアプローチによるものであったと言えるであろう。

——哲学者のディルタイ（Wilhelm Dilthey 1833 ～ 1911 年）は、「理解（verstehen）」とは、自己移入・追体験などによって対象を共感的にとらえることだと述べている。人間（生命体）を真に理解するには、このように、対象に入り込み、まるごと捉えるアプローチ方法は欠かすことができないものなのである。

第39回

熊楠による対象へのアプローチ方法(2)
―「理不思議」について―

熊楠の言う「事物心一切至極のところ」（第37回〈「直入」とは〉参照）とは一体何処なのか。そして我々がそこへ「直入・indwelling」するにはどうすれば良いのか――。熊楠自身も、この問題について明確な答えを出してはいない。しかし、彼が残した論考・書簡・日記などに散りばめられた、いわば「諸細目（elements）」を丁寧に紡ぎ合わせていくことで、この問題を解くヒントは得られるように思われる。そして「生命そのもの」を、真に理解するための手掛りを見出せると思われる。

熊楠は、これまでしばしば「博覧強記だが理論がない」などと揶揄されてきた。確かにそのような側面があることは否定できない。しかし、現代を生きる我々の役割とは、熊楠の書簡・日記・著作あるいは彩画などに散りばめられている、いわば「諸細目」を包括的に捉え、「統合」し、彼の知の体系を再形成していくことではないだろうか。そこには必ず、曖昧で明示化し難くとも、科学技術には決して真似のできない、人間特有のポテンシャルを知る重要な鍵が隠されているのである。

さて、「物界」と「心界」とが交わる処が「事」であるということは、以前に述べた通りである（第30回〈「事の学」について(1)〉参照）。「物界」「心界」「事界」と言っても良いが、熊楠は特に「物不思議」「心不思議」「事不思議」という言葉を用いている。ここで「不思議」とは、さしあたり、様々な現象が起こる「領域」と考えて良いと思われる。

熊楠は、その三つの「不思議（領域）」のさらに上位も考えていた。彼はそれを「理不思議」と名付けている。熊楠が「（理不思議とは）どうやらこんなものがなくてはかなわぬと想わるる」（1903.7.18 土宜法龍宛書簡『全集 7』p.366）領域、と述べるように、それは、第六感、あるいは「阿頼耶識」の領域であると言えるかもしれない。「推測」「予知」の領域とも言えるであろう。熊楠は、人間は辛うじて（暗黙的に）、「理不思議」の領域へ踏み込むことができるとも考えていた。

——「事物心一切至極のところ」とは、結局「理不思議」と言えるのではないだろうか。「物」「心」「事」の各領域は、既存の学問（物理学や数学、心理学など）で何とか取り扱うことが可能である。しかし「理不思議」は既存の学問では捉えきれない、「曰く言い難い」あるいは明示化し難い領域なのである。自己と他者との区別が極めて不鮮明になっている場（※そこは両者が「完全に」融合した場ではない）と言って良いかもしれない。

我々は、「理不思議」へ「直入・indwelling」することで、それを暗黙的にではあれ、知ることができる。では、どうすれば「理不思議」へ「直入・indwelling」することが可能なのか。

「直入・indwelling」のためには、極度の集中力が必要である。熊楠はそれを特に「脳力」（つまり、曇りない clear な精神状態において生じる極度の集中力）と呼んでいる。その「脳力」によって対象の内部に入り込み、全体を包括的に捕らえなければならないのだ。つまり、暗黙的な領域＝「理不思議」に散在する対象の、構成要素たる、混沌とした非言語的情報は、「indwelling」によって包括的につかみとってこそ、初めて知ることができるものなのだ。

まとめると、主体が対象へ極度の集中力＝「脳力」をもって「直入・indwelling」した結果、「理不思議」に散在する諸細目（諸情報）は「統合」され、主体に「暗黙的」に知られるようになるということである。また「暗黙知（tacit knowledge）」とは、つまり分析的には捉えられない、また言語によっては説明できない「妙想」あるいは「ひらめき」などに直接つながるものでもある。しかし、そのようにして得られた「妙想（ひらめき）」を「根拠がないものだ」として棄て置くか、そこに何かしらの「意味」を見出し、考えよう（あるいは行動に移そう）とするかで、得られるものは大きく異なってくる。熊楠は、当然後者であった。

第40回

熊楠による対象へのアプローチ方法(3)
—「密なる網」について—

対象の内部に「直入・indwelling」し、それを、あるがままに（近い形で）捉えるためには、固定観念に囚われない柔軟な知が必要である。それはいわば「非常に密に編まれた網」のようなものである。

> しかして小生は、実に耶蘇教に自由平等の意多く、回々徒に勇猛不避の訓え多きを知りて、実にありがたく思うなり。すなわちありがたく思うが心内を楽しむものなり。すなわち水を観ずるときは、山を観ぜずとも水を観ずるが、すなわち心内の妙味なり。また瞑目して諸哲の言行を記臆し出だすも心内の妙味なり。小生は法華門徒の老婆が、ややもすれば一を執して相謗（そし）るを笑う。かつそれ仏教の宗教という極印のすわれるものにもあらざれば、何の宗旨のことでも観じて楽しむは、これ真の楽しみなり。
>
> （1893.12.24 土宜法龍宛書簡『全集 7』p.150）

偏った先入観や固定観念に囚われた知では、対象の片鱗（へんりん）しかつかむことはできない。そのような知に対して、熊楠は当然否定的であった。上記書簡で熊楠は、ある老婆が自分の信じる宗教（法華経）のみを絶対視して、凝り固まった考え方、いわば「固定観念」をもってものごとを悪く言うことを非難している。老婆は、偏狭（へんきょう）な固定観念と先入見によって編まれた、いわば目の粗い「網」で、ものごとを捉えようとしているのだ。それに対し熊楠は、さまざまな角度から相対的に、ものごとを見ることこそ大事であり、そうすることではじめて「心内の妙味」は生まれると述べている。

我々は、「我々の網」にかかったものしか基本的に知覚していない。その「網」には、人間という生物種の感覚器官（がもつ限界）も含まれている。つまり熊楠も人間である以上、他の生物が持つ、我々からすれば超高度な感覚器官（例えば、コウモリは超音波を用いてエコーロケーション(反響定位)を行う。つまり人間にはない特殊な聴覚を持っている。また、犬の嗅覚は人間の千～一億倍優れているとも言われている）は持ち合わせていなかったが――また、生物を熱心に研究した熊楠だからこそ、自身のそして人間の「網」の限界をよく知っていたはずである――、それでもやはり筆者には、彼は、この「網目」が非常に密な人間だったように思われるのである。

熊楠の「網」は、民俗学・生物学・人類学・宗教学・性愛学……など膨大かつ先入観や偏見に囚われない柔軟な知識と、命懸けのフィールドワークで得た経験、そして「鋭敏な五感」によって非常に密に編まれていた。だから、通常の人の偏った知識や感覚器官では捉えられない細かい「暗号」でさえ、熊楠の「網」は捉えることができたように思われる。いわば事物をあるがままに近い形で捉えることができたのではないだろうか。

なぜ熊楠が、「鋭敏な五感」の持ち主であったと言えるのか――例えば、熊楠は年中薄着、夏季は半裸であったと言われている。そこには熊楠が（単に生来の暑がり・多汗症だったということを超えて）、身体全体から周りの情報を鋭敏に感じ取っていた在り方が伺えるのである。環境からの情報を得るために、彼は年中薄着をしなければならない体質だった、と考えるのは少々深読みしすぎであろうか。

また熊楠は、キノコなどの写生の際には、必ずその詳細な形状のみならず、微妙な色彩や、味や匂い、手触りまで記録しているのである。このような熊楠の五感はやはり相当鋭敏なものであったに違いない。

さて、偏見や先入観に囚われない「密なる網」を編むためには、我々は「遍学（遍く広く学ぶこと）」をしなければならない。

> 事物多く総攬するには、事物多く知らざるべからず。故に到底事物の識を外にして、われらは心内の妙想なしと思う。
>
> （1893.12.24 土宜法龍宛書簡『全集 7』p.161）

熊楠がこう述べるように、多くの事柄をまとめあげる、あるいは「総攬」する（包括的に理解する）には「遍学」し、知識を蓄積しなければならないのだ。そのような下地があってこそ「妙想（ひらめき）」も生まれる。熊楠は、日々の筆写・写生などによって書物等に「直入・indwelling」すると共に、我々が想像もできないほどの膨大な知識をその身に蓄えていった。彼はまさに「歩く百科事典」であった。

中途半端な知が一番怖い。そのような知は、単なる「偏見」という名のフィルターになりかねないからだ。かといって、人間は「完璧な知」を得ることなど決してできない。あるいはその「偏見」というフィルターをはずすため、「完璧な無」になることも、人間にはできない。肝要な事柄は、自身の中途半端な知を知ることであり、「完璧な知」あるいは「完璧な無」を目指そうとする姿勢（構え）であろう。熊楠は前者であった。彼が目指したのは、まさに「一切智（完璧な知を持つこと・持つ者）」であった。

第 41 回

熊楠による対象へのアプローチ方法 (4)
―「will」について―

曇りなき clear な「脳力」（極度の集中力）をもって、対象へ「直入・indwelling」し、「密なる網」（鋭敏な五感や、先入観や偏見に囚われない膨大な知識・経験）によって包括的に捉えた、対象内部の「諸情報」は、主体に「暗黙的」に理解され、主体の内部に蓄えられ、突如（あるいは「創発的」に）「ひらめき」となって現われる――。

対象の混沌とした内部へのアクセスのためには、まず主体は、対象との間に「親和性」を敏感に感じ取らなければならない。「親和性」とは、「ペルソナ（表面上の自覚的自己）」同士の表層的なものではなく、「ペルソナ」と「アニマあるいはアニムス（自己の深層の理想像）」の間に生じているような関係（雰囲気）である。つまり、自己とその自己の「絶対的他者」との間に生じる魂の位相での共鳴である。自己が対象へ、自身の「アニマ（アニムス）・影・純粋な反対者」を投影していることを感じとれたとき、我々はより深く「直入・indwelling」できるようになる。

さて、ここまで何度か述べてきた「ひらめき」についてであるが、これはまさに、生命体特有の能力であると言える。これは「創造性（creativity）」につながるものである。「創造」は決して機械には真似することはできない。そしてその生命体最大の特徴とも言える「創造性」を、「自己」と「他者」との関係・間（「倫理学」とは人と人との「間」から人間の在り方を問う学問である（第 2 回〈生命倫理学とバイオエシックス（bioethics）〉参照））から考えること――これは「生命倫理学」につながるものでもある。科学万能のこの時代において、計算やルーティンワークは、機械がこなしてくれる。これからは、人間がいかに独創的アイデアをひらめくことができるかが、社会のあらゆる場面で問われてくると思われる。

そのような「ひらめき」を例えば、根拠がない偶然だ、あるいは失敗するかもしれない、などと思わずに、「直観」を信じて行動する強い意志――これも必要な事柄である。熊楠はこの主体の強力な意志を、特に「will」と呼んでいる。「ひらめき」が具体的に行動に移されたときにこそ、そこに創造的・独創的な発見が待っているのである。熊楠は「will」について以下のような言葉を残している。

> 1903年12月2日 晴
> 此夜厠に之き紙求るに、マッチすることを思ふて、(マッチ手になし)息吹くこと。これより見れば、行為は間違いながらもwillより出るなり。willありて必ず行為あり。その行為色々の内、用に的するもの常存。
>
> (『日記2』p.386)

> 洋人已に万物にはwillに結局す。willは万相自ら顕れ万物自ら生死するの原基たるの説あり。
>
> (1902.4.2 土宜法龍宛書簡『南方熊楠研究7』南方熊楠資料研究会 2005年 p.166)

最初の引用であるが、夜、厠（かわや）へ行った熊楠は、紙を手にしようとした。そのとき、何故かマッチを擦（す）ることと間違えて、手に息を吹きかけてしまったという。この「行為」は間違えている。しかしこのような「行為」というものは、自分の意志「will」から生まれたものである。そして、熊楠は「行為」は間違うこともあるが、さまざまな「行為」の中にはその目的に合うものが必ずある、と述べている。つまり、ここで熊楠は「will」があれば、いずれ成功へ通ずるということを言いたかったのだ。

つまり「will」とは、我々が未知なるもの、不可知と思われる事柄に出会ったとき、諦めたり、失敗を恐れたりすることなく、それを楽しむがごとく積極的に「行為」に移そうとする、強い「意志」のことである。それこそ「ひらめき」を実現させるための重要な要素なのである。熊楠があえて「意志」や「意欲」とは言わずに「will」と言ったのは、それに特別な、強い意味を持たせたかったからであろう。どんな事柄も、主体の「will」があってこそ現れる。また、二つ目の引用で熊楠が述べているように、それは生と死をも決定付けるほど強力であり、言い換えれば、それは「現在」を作り出す基であり、「今」を在らしめる「力」でもあるのだ。熊楠の言う「will」とは我々が通常考えるような「意志」や「意欲」以上のものであった。

第42回

熊楠による対象へのアプローチ方法(5)
—「やりあて」とは—

筆者は前回、「ひらめき」あるいは「創造性（creativity）」は、人間（生命体）特有の能力であると述べた。そして生命体最大の特徴とも言える「創造性」を、「自己」と「他者」との関係・間（＝倫理）から考えること——これは「生命倫理学」につながるものでもあるとも述べた。熊楠は、この「ひらめき」によって、偶然の域を超えた発見や的中を成し遂げることを特に、「やりあて」（行為し〔やり〕的中させ〔あて〕ること、あるいは思いを馳せた〔遣った〕結果成功がおのずとやって来る〔当たる〕こと）と名付けた。これは熊楠の造語である。

> 「やりあて」（やりあてるの名詞とでも言ってよい）ということは、口筆にて伝えようにも、自分もそのことを知らぬゆえ（気がつかぬ）、何とも伝うることならぬなり。されども、伝うることならぬから、そのことなしとも、そのことの用なしともいいがたし。
>
> （1903.7.18 土宜法龍宛書簡『全集 7』p.367）

熊楠がこう述べるように、（「南方曼陀羅」における）「理不思議（＝自己と他者との区別が極めて不鮮明になる領域）」において、「諸細目」を包括的に捉え、それを実践に移すことによって成され得る「やりあて」は、明示化し難いものである。定義しがたく言語化するのは非常に困難である。しかし、だからと言ってこれを看過（かんか）すべきではないのだ。それはむしろ、人間の営為において最も重要とさえ言えるものなのである。熊楠は、この「やりあて」によって、様々な珍しい植物・生物を何度も見つけている。

ここまで、熊楠の対象へのアプローチを考察してきた（第38～41回〈熊楠の対象へのアプローチ方法(1)～(4)〉)。そこでいくつかの重要なキーワードが出てきた。以下では、この言語化し難くとも無視することの決してできない「やりあて」のプロセスを、これまでのキーワードを用いつつ考察していくことにする。

① まず通常、我々は対象に対して、視覚的に注目し関心を示す。主体が特にその対象に関心を示すとき、そこには主体と対象との間に、強力にひきつけあう要素、いわば「親和性」が生じている。

② その「親和性」とは「ペルソナ（表面上の人格)」同士の表層的なものではなく、「ペルソナ」と「アニマ〔アニムス〕(内なる他者)」とのような魂の位相における共鳴（「純粋な反対者」同士の関係）である。

③ 対象を真に理解するためには、極度の集中力【脳力】をもって対象の内側へ能動的に「indwelling」【直入】しなければならない。

④ そして、偏見や先入観に囚われない「膨大な知識や経験」、さらには「鋭敏な五感」によって編まれた密なる「網」で、対象の構成要素たる「諸細目」を包括的に捉えなければならない。

⑤ さらに、それらは意識下【阿頼耶識（あらやしき）】において「暗黙的」に主体に統合される。その時「ひらめき」【妙想】は生まれる。

⑥ しかし、そのためにはランダムな「諸細目」を統合できるだけの想像力や【総攬】する力が下地として必要であり、それは「遍学」し、さまざまなことを学び知を蓄えることで得られる。

⑦ 「ひらめき」は、強力な意志＝【will】によって行為に移されなければならない。その結果、創造的な事柄を【やりあて】ることができるのである。

（【 】は熊楠が使用した言葉）

筆者はこの「やりあて」のプロセスを考えるに当たり、マイケル・ポランニーの「暗黙知」の考えを大いに参考にした。ポランニーは、ゲシュタルト（統合されて現われる、まとまりを持つ形象）は、認識する主体が、経験を能動的に形成する活動の結果として成立すると述べている。また、「諸細目」を統合するには、主体が対象に能動的に「潜入」し「内在化」しなければばならない（indwelling）とも述べている。その結果、諸細目は主体に「暗黙的」に知られ、時に言葉では説明できない予知や、あるいは体得するほかない高度なテクニック（いわゆる「職人技」など）を身につけることが可能になるのである。

またポランニーは端的に、以下のように述べている。

> この能動的形成もしくは統合こそが、知識の成立にとって欠かすことのできない偉大な暗黙の力（tacit power）なのである。
>
> （マイケル・ポランニー著、佐藤敬三訳『暗黙知の次元』紀伊國屋書店 1980 年 p.18）

このような方法は、科学技術による対象への数値的・分析的・分断的アプローチ方法とは全く異なるものである。そして、科学技術のカウンターパートとなり得る方法であると言える。勿論、この方法がそう容易に実践できるわけではない。しかし筆者は、このような対象への、いわば「人間的アプローチ方法」があり得ることを知ること、あるいはさらに考察を深めていくことは、「生命」を真に理解する上で非常に重要なことであると考えている。

第43回
創造的活動のプロセス(1)
―直観即行為―

筆者はこれまで人間（生命体）特有の能力である「ひらめき」あるいは「創造性（creativity）」について、熊楠の言説を基に述べてきた。そして、明示化し難くも存在するその暗黙的な「プロセス」について解説した。その「プロセス」をここでもう一度簡単に触れておく（【 】内は熊楠の言葉）。

まず熊楠は、高まった【脳力】（極度の集中力）をもって、対象の内部へ「潜入（indwelling）」していた。熊楠の言葉で云うところの【直入】である。そして対象の「諸細目」を、膨大な知識と経験の「網」で、その内側からつかみとっていた。この「網」とは純粋な継続と努力（遍学）によって得られるものである。さらにつかみとったバラバラの状態の「諸細目」は、意識下【亜頼耶識】において暗黙的に「統合【総攬】」される。「統合」は睡眠中の夢の中で行われることが多いようだ。それは「ひらめき【妙想】」となり、時に「幽霊による示唆」となり、熊楠に珍しい植物などの在り処を教えた。熊楠はその事柄を強く信じ（【will】）、行動した結果、珍種を【やりあて】る（発見する）ことができたのである。

このプロセスは、いわば何か創造的な事柄を成し遂げるためのものである。しかしその方法・プロセスは、本当に全て上述したものだけに当てはめることができるのだろうか。おそらくこれ以外にも、全く異なる創造の方法はあると思われる。以下ではこの問題を中心に論を進めていく。

例えば、画家が描いている対象と一体化し素晴らしい作品を創造するとき、そこには経験や知識によって編まれた密なる「網」で対象の「諸細目」をつかみとったり、それらを「統合」したりといった「プロセス」は省かれてしまっているのではないだろうか。一体化と「ひらめき」、そして行為は同時に行なわれている。それは西田幾多郎（1870～1945年）の言う「物となって見、物となって行なう」、つまり「行為的直観」と呼べるものである。そこには自我の滅却があり、（瞬間的な）主客合一がなければならない。そして主体と客体の「分離」は行なわれないまま即行為される。その結果、何か創造的な事柄を「やりあて」ることができるのである。

確かに、これまで述べてきた「プロセス」は、例えば、ふとした瞬間の「ひらめき（思いがけない発見や予知夢による的中など）」を説明するものとしては、間違ってはいないと思われる。なぜなら、ふとした瞬間の「ひらめき」は、主体が対象に「indwelling」し、「諸細目」を捉えて戻ってきたとき、ある一定の時間を経てから起こるものだからである。つまり「諸細目」が「統合」され、何かがひらめくのは夢の中であったり、全く関係ないことをしているときであったりする。さらに、ひらめいてから行為へ移る時間も同時ではない。また「ひらめき」は主体の意志（will）によって行為に移される。つまり「indwelling 即ひらめき」でもないし「ひらめき即行為」でもないのだ。それぞれには大なり小なり「時間差」が生じているように思われる。

一方、芸術行為や創作行為においてはどうだろうか。例えば画家は描きたいと思う対象に引き込まれ、対象と一体になり、あるいは描いているキャンバスと一体になり、そのまま絵筆を動かす。ピアニストが即興で演奏するとき、彼ら（彼女ら）は、音楽に「indwelling」し、ピアノと一体化し、そのまま演奏をしている。そのとき主体が音全体を包括的に捉え「統合」し（comprehend）、そして「ひらめき」が起こり……といった「プロセス」は省かれてしまっている。つまりそれは「直観即行為」であり「行為即直観」である。まとめると、以下のようになる。

① まず主体は自我を滅却し、（瞬間的に）対象と一体化する。

② それは、主体の能動的な意志というより、対象との間の「親和性」（ひきつけあう要素）を背景に、引き込まれる感じであるように思われる。

③ これまでは、主体は対象へ「indwelling」し、対象の構成要素（諸細目）を「密なる網」でつかみとり自己へ戻ってきたときに「ひらめき」が生じるということを説明した。一方、今説明を試みている「プロセス」においては、そのような主客の分離は起こらない。

④ ここにおいては、主客合一のまま「ひらめき」は起こり、行為がなされるのである。いわば「直観即行為」であり、それは主体の意志ではなく、むしろ対象の内側からの働きかけのようにも思われる。それは、西田幾多郎の「物となって見、物となって行なう」＝「行為的直観」と言うことができるだろう。そこには自我の滅却があり、（瞬間的な）主客合一がなければならない。

⑤ そして両者の「分離」は行なわれないまま即行為はなされる。その結果、何か創造的な事柄を「やりあて」ることができるのである。

第44回

創造的活動のプロセス(2)
—親和性、ひきつけあう要素—

創造的な事柄を成し遂げたり、発見したり、作り上げたりする（「やりあて」る）ためのプロセスには、これまで見てきた通り、少なくとも二通りあるように思われる。つまり、「indwelling（潜入・内在化）」→「（対象内部にある諸細目の）統合」→「ひらめき」→「行為」という段階を経るものと、瞬間的な自我の滅却による対象との一体化、すなわち「ひらめき即行為」による創造である。

熊楠のいわゆる「やりあて」論は、熊楠自身の経験としては、予知夢などによる植物などの発見などが主であり、一方、熊楠が例を挙げて説明するもの、つまり熊楠以外の人物による「やりあて」の説明では、創作・芸術行為に関するものが多い。

ここでは、両プロセスにおいて欠かすことのできない要素、主体と対象との「親和性」について、熊楠と粘菌を例に考察してみたい。

どちらのプロセスにおいても、まず主体は対象に関心を示し注目する。熊楠は、粘菌に、特にそのドロドロとした原形体に特別な関心を示した。関心・注目は、向かい合う対象に何かしら主体の心をひきつける力を感じるときに生じる。このように主体が対象から、魅力・親和性などを感受しなければ、主体はその対象に「indwelling」や、自我の滅却による（瞬間的な）主客合一などを行なうことは難しいと思われる。

熊楠は粘菌に「indwelling」していた。時間を忘れて顕微鏡でそれを観察することはもちろん、膨大な量の「写生」も行なっていた。熊楠は将来「日本産の粘菌図譜」を完成させるという夢を持っていた。しかし、おそらく何百枚にも及んだと思われるその図譜は、描く量があまりにも膨大であったことに加えて、当時精神を病んでいた愛息・熊弥（くまや）によって修復不可能なまでに引き裂かれたと言われており、結局夢と消えてしまった。

では、熊楠と粘菌との親和性とは何か。それについては、第 10 回〈粘菌という「他者」に見出していたもの (1)〉において詳述した。簡単に言うならば、熊楠は粘菌という「他者」に自身の「片割れ」＝「アニマ」を投影していたのだ。

論理的な実証主義者を自認していた熊楠（ペルソナ〔社会的な自己像〕）に相対する「アニマ（男性の深層心理にある女性性）」は、大きく暗く、そのドロドロとしたいわばエロティックな欲望は、明るい顕花植物より隠花植物、あるいはそれよりもっと暗く猥雑（わいざつ）なイメージをもつ粘菌、その中でも特に、状況によって色や形を自由自在に変化させる混沌とした原形体に投影されていた。

熊楠には、そのような生命体がある種恐ろしくも魅惑的に映っていたに違いない。そして熊楠は、その生命体との積極的な対話を通じて、彼自身の本性、あるいは人間の本質を深く知ろうとしたのではないか。熊楠は論理的・理性的な科学者を自認していたロンドン遊学時代とは異なり、粘菌を本格的に研究し始めた那智隠栖期以降は、自身のエロティシズムをますます隠すことなく受け入れ、また広く世に発表していく。鄙猥（ひわい）なるもの、猥雑さの中にこそ人間の本質があるのではないかとさえ考えるようになる。しかし、このような考え方が柳田國男との交流決裂の一因となったとも言われている。ともあれ、熊楠は粘菌観察いや粘菌潜入（indwelling）を通じ、自己の本性を深く見つめていたということができる（ちなみに、熊楠の日記には、しばしば「粘菌鏡検」という文字が見られる）。

前述したとおり、熊楠による「やりあて」のプロセスには少なくとも二通りあると言える。一つは、予知夢やふとした瞬間の「ひらめき」による独創的な発見である。これは「indwelling」→「統合」→「ひらめき」

→「発見」という過程を経る。もう一つは自我を滅却したときの「神来」あるいは「行為の自動化」、言い換えると、瞬間的な主客合一の状態でひらめいて、そのまま行為に移される芸術・創作行為である。

筆者は、両方とも創造的事柄を成し遂げるプロセスとして、あり得るものだと考える。しかしその「質」は異なる。前者は「発見的創造」とでも呼べるものであり、主に世紀の大発見などと呼ばれるものは、これに当てはまるものが多い。例えば、第36回でも述べたが、ポアンカレは、あるとき馬車に足をかけた瞬間、フックス関数における転換と非ユークリッド幾何学における転換は同じものであると直観的にひらめいたという。これはやはり「発見的創造」のプロセスによって説明するのが適当かと思われる。後者は「芸術的創造」とも呼べるもので、偉大な画家や音楽家の創作の多くは、これに当てはまるものと考えられる。

第 45 回

創造的活動のプロセス (3)
―熊楠の言葉を紡ぐ―

ここ数回に渡り、筆者は、ひらめきと創造的活動のプロセスを二通りに分類して考察を行なってきた。一つは「indwelling」→「統合」→「ひらめき」→「行為」という段階を経るものであり、筆者はそれを「発見的創造」と名付けた。もう一つは（瞬間的な）自我の滅却による対象との一体化によるもの、つまり「ひらめき即行為」による創造であり、それを筆者は「芸術的創造」と呼んだ。両者に共通する点は、主体と対象との間に、お互いをひきつける「親和性」が生じていることである。それは対象が主体の鏡となっているとも言えるであろう。そしてそのとき、主体は自己を対象の中に見ているのである。

熊楠の言う「やりあて」は、一つのプロセスだけで説明できるものではない。少なくともここでは二つのプロセスを見出すことができた。そして両者の相違点と共通点を明らかにすることで、熊楠の創造性の源泉に僅（わず）かながら近づくことができたと思われる。

ここで補足しておきたいことは、「発見的創造」及び「芸術的創造」に関して、熊楠自身がまとまった見解を述べているわけではなく、また自らの「ひらめき」と創造的活動のプロセスについて図式化したり、順を追って説明をしたりしたわけでもないということである（熊楠にとっては、ある種そのような事柄は「当たり前」だったとも考えられる）。それらはあくまで筆者が、熊楠の書簡・日記・著作（論考）などから、熊楠と対象との接し方を考察し、そこに見られるキーワードを包括的に紡ぎ合わせたものである。しかし筆者は、今後の南方熊楠研究においてはこのような作業が最も重要だと考えている。熊楠は博覧強記であったが、その論に一貫性がないことが多いと言われてきた。しかし各書簡・日記・論考などには彼の知を知る上で決して見過ごすことのできない重要なキーワードが散在しているのである。

我々の役割とは、熊楠が残した書簡・日記・著作あるいは彩画などに散りばめられている、いわば「諸細目」を包括的に捕らえ統合し、彼の知の体系そして「ひらめき」と創造的活動のプロセスを再形成していくことではないだろうか。そこには必ず、曖昧で明示化し難くとも、科学技術には決して真似のできない人間（生命体）特有のポテンシャルを知る重要な鍵が隠されているに違いないからである。

※

熊楠の娘・文枝（1911 ～ 2000 年）はこのようなことを述べている。

> ――先生は文章はどんな風にして書かれたのですか。
>
> 書き出したら決して反古ができないのです。書き損じて破ったりするようなことは一切ないのです。サーッと一気に書くんです、手紙でも原稿でもぶっつけで。
>
> （南方文枝『父 南方熊楠を語る』日本エディタースクール出版部 1981 年 p.13）

熊楠の書簡はどれも大論文と呼べるほどの量と質である。それを反古なしに書くというのは、驚異的である。熊楠は書いている文字あるいは絵図と一体化していた。それと同時に、書いている（書簡を送る）相手にも同一化していた。例えば、熊楠は友人・土宜法龍と頻繁に書簡をやり取りし、その思想を深化させたが、熊楠が法龍に惹きつけられたのは、その深層において「親和性」を感じていたからだと言える。当時オカルティズムなどにも関心を示していた法龍に対し、自然科学者を自認していたこの時期の熊楠は、一種の嫌悪感を示していた。しかし、それは自分の深層心理に潜む願望・欲望の表われでもあったのである。その関係は熊楠と粘菌の深層における関係にも似ている。

熊楠の書簡は、単なる手紙ではなく、一つの著作と呼べるほどのものである。そして、その中にはおびただしいほどの知が散乱している。そのような中で、例えば「南方曼陀羅」のように創造的な思想が生まれることもあったのだ。

熊楠の書簡を、著作あるいは作品と考えると、それは、筆者の言うところの「芸術的創造」であるとも言える。書簡の相手あるいは自分の書いている文字に入り込み、自身が筆となり文字となり絵図となり紙となり、そのまま一気に書き進める。そして、書くという行為と同時に「ひらめき」は起こり（行為即直観）、独創的な思想＝「南方曼陀羅」などが生まれたのである。

第46回

「南方曼陀羅」の概要と「大不思議」について

筆者は、これまで熊楠（自己）と対象（他者）との関係、あるいは熊楠による対象（生命体）へのアプローチ方法を述べてきた。その際、熊楠の独自の思想の一つである「事の学」（「物」と「心」とその両者が交わる「事」の関係）、あるいは混沌たる対象の暗黙的「諸情報」が散在する「理不思議」という領域について併せて解説してきた。しかし、熊楠は、この、「物」「心」「事」「理」の各領域に、さらにもう一つの重要な「不思議（領域）」を付け加えるのである。それが「大不思議」である。

「大不思議」の説明に入る前に、ここで熊楠の思想の中核である「南方曼陀羅」を構成するエレメント＝「物」「心」「事」「理」の各「不思議」についてもう一度まとめておきたい。

「物不思議」とは例えば、近代物理学によって知り得る領域である。「心不思議」とは、心理学によって知り得る領域である。そして熊楠によると「事不思議」とは、この「物」と「心」とが交わる領域であるという（熊楠は、この「事」の解明こそ最も重要だと考えていた）。さらに、いわゆる第六感が最も働く領域を、熊楠は「理不思議」と名付けた。我々人間は、辛うじて（暗黙的に）「理不思議」の領域へ、踏み込むことができる。

また熊楠は、今の人々（特に科学者）は「物」と「心」の研究ばかりに執着しているとも述べている。そこで熊楠は「物」と「心」とが交わる領域である「事」を、自分が何とかして明らかにしようと意気込んでいたのである。これを熊楠は「事の学」と名付けた。

今の学者（科学者および欧州の哲学者の一大部分）、ただ箇々この心この物について論究するばかりなり。小生は何とぞ心と物がまじ

> わりて生ずる事（人界の現象と見て可なり）によりて究め、心界と物界とはいかにして相異に、いかにして相同じところあるかを知りたきなり。
>
> (1893.12.21 〜 24 土宜法龍宛書簡『全集 7』p.145 〜 p.146)

熊楠が生涯をかけて「事」を明らかにしようとしたことは、彼の研究領域を見れば、明らかである。「動物」と「隠花植物」との性質が交わりあう「粘菌」、「外的・物的要因」と「内的・心的要因」とが交わりあう「夢」、「女性」と「男性」両方の性質を併せ持つ「ふたなり」の研究などである。

「大不思議」とは端的に言って、「物」「心」「事」「理」全てを包み込む領域である。そこには「区別」も「対立」も無い。「無」であると同時に、全ての要素が含まれている領域である。熊楠によると、この世に生きている人間の知性は、そこまでは到底たどり着くことはできないと言う。「大不思議」とはいわば「大日如来」そのものなのだ。

以前（第11回〈粘菌という「他者」に見出していたもの (2)〉）、筆者は生命の実相とは「統一→分裂→区別→帰還→統一→……」という限りない運動であると述べた。このことについて、熊楠は興味深い言葉を残している。

> 万物悉く大日より出、諸力悉く大日より出ること第二以下の状にて見られよ。万物みな大日に帰り得る見込あり、万物自ら知らざるなり。
>
> （1902.3.26（推定）土宜法龍宛書簡『高山寺蔵　南方熊楠書翰　土宜法龍宛 1893-1922』藤原書店、奥山直司・雲藤等・神田英昭編 2010 年 p.275、以下『高山寺資料』とする）

万物——例えば「物」と「心」とは「大不思議（大日如来）」から分

裂し現われる。「物」と「心」とは区別されるが、この区別は解消され、最終的に「大不思議(統一の世界)」へ帰還し得るのである。そして再び「大不思議」からは「物」と「心」とが生じる。このような、限りない運動を熊楠はここでイメージしていたに違いない。

「物」と「心」とが完全に「合致」すれば、「統一の世界」に帰還することができる。しかし、両者が「交差」する場が「事」なのである。つまり熊楠は、「物」と「心」とが「交わる(交差する)」場こそが「事」であると言うのだ。

「大不思議」とは、まさに「個的生命体」を成り立たせる根拠＝「生命そのもの」「生命それ自身」である。そして「心」と「物」とが交わる「事」という、我々が生きているいわば「現実世界」と、この「生命そのもの」たる「大不思議」との間にあるのが「理不思議」という「通路(パサージュ)」なのである。

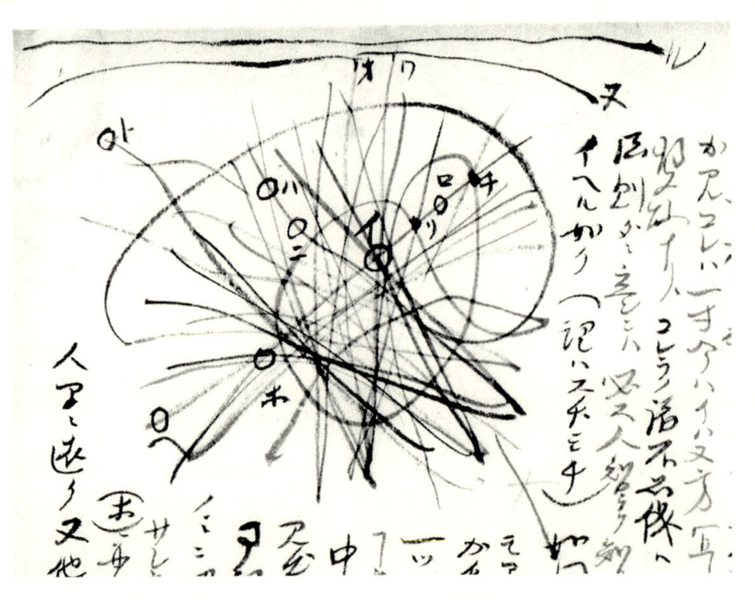

「南方曼陀羅」1903.7.18 土宜法龍宛書簡(南方熊楠顕彰館〔田辺市〕所蔵)

第 47 回

萃点とは (1)

―異質なもの同士の交わり合い―

ここまで来て、熊楠の独創的な思想は、主に二つあることが明らかとなった。それらは「事の学」と「南方曼陀羅」である。「事の学」においては、心界と物界とが交わる「事」の重要性が熊楠によって明確に語られていた。そして、「南方曼陀羅」においては、「心不思議」「物不思議」「事不思議」、さらにその上位の「理不思議」、そしてそれら全てを包み込み、また全てを産み出す、まさに「生命そのもの」とでも言うべき「大不思議」が説明されていた（熊楠が言う「不思議」とは、ここではさしあたって「領域」と考えて良いと思われる）。筆者はその構造と思想について、これまで数回に渡り解説をしてきた。

しかし、この「南方曼陀羅」には、さらに重要なキーワードが隠されているのである。それにいち早く気付いた人物が、鶴見和子であった。そのキーワードとは「萃点」である。熊楠は「南方曼陀羅」の説明において、

> ここに一言す。不思議ということあり。事不思議あり。物不思議あり。心不思議あり。理不思議あり。大日如来の大不思議あり。
>
> （1903.7.18 土宜法龍宛書簡『全集 7』p.364）

と書き始め、「事不思議」「物不思議」「心不思議」「理不思議」「大不思議」について独自の「曼陀羅」を描き説明する。そしてそれに引き続き、

> 前後左右上下、いずれの方よりも事理が透徹して、この宇宙を成す。その数無尽なり。故にどこ一つとりても、それを敷衍追究するとき

は、いかなることをも見出し、いかなることをもなしうるようになっておる。その捗(はかど)りに難易あるは、図中（イ）のごときは、諸事理の萃点ゆえ、それをとると、いろいろの理を見出だすに易くしてはやい。

（1903.7.18 土宜法龍宛書簡『全集 7』p.365）

と述べている。ここに出てきた「萃点」とは一体どのようなものなのか。熊楠は書き殴るように「南方曼陀羅」の図を描き、その図の（イ）と書いた部分を「萃点」と名付けた。（イ）とは「曼陀羅」のちょうど中心に当たる場所のことである。

「萃点」——この語句は、国語辞典などには載っていない。おそらくこれは、熊楠の造語だと思われる。「萃」には「集まる」「集める」「寄り集う」などという意味がある。そのため、「萃点」をその語句通りに解釈すると、「集まる点」「集める点」「寄り集う点」ということになる。では、その「点」において、一体何が「集まる」のか。それは端的に「（純粋に）異質なものたち」である。無数のそれらが、前後左右上下あらゆる方向から交わって「世界」は成り立っている。

また熊楠によると「萃点」において出会うものたちの関係は、物理学のように、「原因—結果」という直線的な、必然の法則だけでは簡単に解くことはできないと言う。熊楠はそこには「縁」（の力）が働いているという。「縁」とは、筆者がこれまで述べてきた、自己と他者との深層における「親和性」と似ている。

この「異質なものたち」は、単に出会うだけではない。そこには一回性の出来事が発生する。熊楠はそれを「起」と呼んでいる。熊楠は、西欧近代科学における必然の法則に対して、この「縁」と「起」（縁起）の重要性を考えていた。

例えば自己（心）と他者（物）は、「縁」（片方がもう片方を誘発する力〔片方はもう片方を誘発し、かつ誘発させられてもいる〕）によって、ある場において出会う。そして出会い、交わる処に新たな事柄が「起」きる。あるいは直観的にひらめいて、深層においてひきつけられ、今までバラバラにあるように見えていたもの同士が出合い、新たな事柄が「起」きる。このような出来事が無数に重なり合うのである。そのような交わりが最も多く通過する地点、それが「萃点」である。互いに異質なもの同士が衝突したり、結びついたりしている場には、様々な重要なエレメントが潜在しており、またそこは我々人間の興味・関心を最も惹きつける。熊楠は、そこから物事を考え始めると、速やかに本質的な事柄に「気付く」ことができると考えていた。

第48回

萃点とは(2)
—応用は可能か—

熊楠の思想の核心「南方曼陀羅」における「萃点」とは、以下のようにまとめることができるであろう。「物」や「心」といった（一見すると）異質なもの同士が、「縁」によって出会う。その出会い交わる「場」こそが「事」である。「心」と「物」とが交わり、ある一回性の出来事が生じる（因みに熊楠は、この「縁」という〔いわばお互いを誘発し合う〕力によって新たな事象が生じることを「起」と呼んでいる）。このような出来事が無数に重なり合い、その交わりが最も濃くなる点、それが熊楠の言う「萃点」である。

因みに「萃点」とは、熊楠によると「人間」でもあるようだ。事実、熊楠は「人間を図の中心に立つとして……」（1903.7.23 土宜法龍宛書簡『全集7』p.366）と、「南方曼陀羅」の中心、即ち「萃点」を「人間」に見立てた説明もしている。

作家・神坂次郎は以下のように述べている。

> 南方学は、人間学である。南方独自の奔放な手法で、世界の国々を重ね写し、人間の文化の土壌を掘り起し、比較し、人間のいのちとこころの生態を、熊楠は探究しつづけた。民族を超えた人間の文化への視点。その南方学の根っこにある最も貴重なものが、いま、ようやく世間に理解されようとしている。
>
> （神坂次郎『新潮日本文学アルバム 南方熊楠』新潮社 1995年 p.90～p.91）

つまり南方学＝「萃点」の思想とは、人間の「いのち」と「こころ」

を知る学なのである。言い換えるならば、それは「生命倫理学」でもある。では、「生命倫理学」において「萃点」の思想はどのように応用できるのであろうか。

人と物、科学と宗教、男性と女性、「生」と「死」といった、いわば「(一見すると区別されている) 異質なものたち」の結節点――。筆者は、それは「受精卵」ではないかと考えている。現代の「生命」の問題における「萃点」とは、「受精卵」ではないだろうか。そこから考えれば、人間の「生」「死」、「始まり」「終わり」、宗教観の違い、技術と人間……など、「生命」に関わるさまざまな問題の輪郭(りんかく)がくっきりと現われてくる。

熊楠の時代においては、おそらく早すぎた「萃点」の思想は、現在やっと花を咲かそうとしている。いわゆる「人間科学」や「人間関係学」そして「生命倫理学」などの、新しい学問において、「萃点」の思想は応用されようとしている。大学などで、近年次々と新設されているこれらの学部・学科の背景には、「現代」という時代からの要請がある。我々の時代が、これらの学問を今、強く求めているのだ。その更なる展開に、「萃点」の思想は、重要な役割を果たすと思われる。

『萃点は見えたか――』、これは、1997 年に発売されたビデオ資料『学問と情熱 南方熊楠』(紀伊国屋書店)のサブタイトルである。熊楠には「萃点」がはっきりと見えていた。熊楠にとって思想上の「萃点」とは、やはり粘菌であったと思われる。粘菌は「動物」と「植物」、「生」と「死」など、さまざまな要素が交差する結節点だったからである。

熊楠は、粘菌の、アメーバ状になり他の生物を捕食する原形体と、キノコのような形状になり胞子を飛散させる子実体に、「動物」と「植物」との交わりを見ていた。またドロドロした痰のような形状で一見動かず(実は、時速数㎝ではあるが動いている)、死んでいるように見える原形体と、色鮮やかなキノコのような形状をし、まるで活発に生きているように見える子実体を観察することで、「生」と「死」の問題を深く考えた。さらに、「南方曼陀羅」における「理不思議」の領域では、人間の直観あるいは「ひらめき」と現実の出来事（ex. 粘菌の「発見」など）の結びつきを考えていた。

しかし実際、我々にとって、どこに「萃点」があるのか、それを見極めることは、非常に難しいことである。熊楠のような天才であれば、それこそ彼の言う「やりあて」によって見つけることができるかもしれないが、普通はそう簡単にできるものではない。我々はまだ「萃点」を確実に見出す方法を確立していないし、また、できるかも分からないのだ。それは今後、我々が検討すべき大きな課題でもある。その課題への試みの一つとして、筆者はまず、「萃点」の思想の「可能性」というものを理解し、それが現在の学問などにおいても応用し得ることを示すことから始めたいと考えている。

第 49 回

萃点とは (3)
―萃点の見出し方―

「萃点」の実践的見出し方――それは例えば、以下のようにして可能になるのではないだろうか。

まず､「さまざまな要素が重なり合う点」が重要な点であることを示す。そして次に「そこから考えれば、さまざまな問題が解決する」ということを提示する。つまり筆者は、ある事柄を（仮にでも）「萃点」と定めることで、その重要性を訴えるとともに、その事柄を重点的に考えなければならないという、説得力のある証明法となるのではないかと考えている。

「萃点」を見出すための条件をまとめると、以下のようになる。

〈「萃点」を見出すための条件〉

(1) まず現在、我々が直面している問題の大まかな領域を知らねばならない（例えば、平和、生命、近代科学技術など）。

(2) このような現代における問題領域においては、少なくとも、二つ以上の「(一見すると）異質なもの同士」が出会い、交わっていなければならない（「生命」の問題においては、「生」と「死」、自己と他者、科学と宗教など）。

(3)「異質なものたち」は、(その根本においては同質であっても、表面的には）それぞれ価値観・成立する法則などが異なっているものたちでなければならない（物と心、男性と女性、異なる宗教観をもつ人々など）。

(4) 我々は「異質なものたち」が出会い、そして交わるとき、何らかの新しい事柄が起きる可能性があることを知らねばならない（例えば、さまざまなタイプの人たちがぶつかり合い生まれる、何か漠然としつつも新しさを感じさせる、創造的（クリエイティブ）なアイデアなど）。

(5) 交わりにおいて生じる事柄は、一回で途切れるのではなく、人々の意識の深層に影響を与え、いずれ普遍的理念や精神となる可能性があることを信じ、理解しなければならない。

(6) 人類に共通する意識（「畏れ」や「敬い」の感情など）に強く訴えかけてくるようなもの、または、その意識に刺激を与える可能性のあるものを枢要（すうよう）とせねばならない。

（唐澤太輔「萃点の思想、その可能性について(2)」『飢餓陣営』2010 年 p.221 参照）

筆者は、前回（第 48 回〈萃点とは (2)—応用は可能か—〉）、現代における「生命」の問題における「萃点」は、例えば「受精卵」ではないかと述べた。以下では、「受精卵」がなぜ「萃点」なのか、なぜ考えるべき点なのかを、もう少し詳しく論じていく。

なぜ、現在における「生命」に関する諸問題における「萃点」が、「受精卵」なのか。それは、まずそれが人と物、宗教と科学、「生」と「死」など、さまざまな要素が絡まりあう処だからである。また、そもそも「受精」とは、精子と卵子という「異質なもの同士」が何らかの「縁（ひきつけ合う力）」によって出会い、交わって「起」きる一回性の事柄である（縁起）。そして我々が「受精卵」を語るとき、言葉では言い表せない（ノンバーバルな）領域で、神聖な「感じ」を受ける。この「感じ」は非常に重要なことで、我々の内から自然と沸き起こる、人類共通の感覚だといっても過言ではない。だからこそ、これほど「受精卵」の取り扱いが、世界的に問題になるのだ。

以上の点から「萃点」を見出し、そこから考察を始めれば、結果として一見バラバラに見える諸問題も、滑らかにつながり、我々は問題解決のためのヒントを得ることができるのではないだろうか。

興味深いことに、熊楠は、粘菌におけるアメーバ状の原形体を、男女の精液（すなわち精子・卵子・受精卵）に相当するという説明を、ある書簡で行っている。そこで熊楠は、まず「男女の精液（すなわち原形体）の変化を生きたまま透視することならず……」（「菌学に関する南方先生の書簡」『全集6』p.114）と言い、その一方で、粘菌の原形体であれば、その変化や在り方を生きたまま観察できると述べているのだ。熊楠は、粘菌（原形体）に「生命」の根源的在り方を見ようとしていた。卵子や受精卵は専門的医療器具がなければ採集できない。しかし、粘菌であれば我々のすぐ身近にいて簡単に採集できる。在野の学者であった熊楠は、大学や専門機関にしかないような近代的な機具は一切用いず、基本的に簡易顕微鏡一台と、そして何よりも自身の研ぎ澄まされた五感をもって粘菌を観察し、人間の生死の現象から霊魂に至るまで考察した。動物性と植物性、静と動、硬と軟などが絡まりあう粘菌、これと受精卵――。生命の本質に迫るものとして、両者には共通するものがあると思われる。

第50回

萃点とは(4)
―粘菌と受精卵―

「ES細胞」(Embryonic Stem Cell)――ごく簡単に言えば、それは「受精卵」(不妊治療などで使用されずに残った余剰胚)を一度バラバラに破壊して、それを特殊な方法で培養して作られるものである。培養次第では細胞・神経・臓器にいたるまで、人体のどの部分にも変化する可能性をもつため、「万能細胞」とも呼ばれている。その技術が確立されれば、脳の神経伝達物質であるドーパミンの分泌が減少し、体の動きを中心にさまざまな障害を引き起こす、「パーキンソン病」などの治療に非常に有効であると考えられている。

さらに、2013年10月現在では、新たに「i-PS細胞」(induced Pluripotent Stem Cells)と呼ばれる、「受精卵」を用いない「人工多能性細胞」の研究がますます進みつつある。これは、山中伸弥氏がノーベル生理学・医学賞を受賞(2012年)したことでも良く知られるところとなった。しかしその技術にも、まだクリアすべきさまざまな課題がある。そもそもなぜ分化を始めた細胞が「万能細胞」になる(=「初期化」される)のかが分っていない。癌化の恐れもある。つまり、i-PS細胞が完全に全ての問題をクリアしたわけではない。ES細胞にしかない「利点」が今後見つかる可能性もある。それ故、ES細胞研究が中止され、i-PS細胞研究のみに完全に移行するということは、今のところなさそうだ。当分の間は、ES細胞とi-PS細胞の研究は、同時進行で行われるようである。i-PS細胞研究におけるES細胞との比較研究は避けて通れないのだ。

このようにいわゆる「再生医療」の分野で注目されているES細胞だが、その作成のために「受精卵」を破壊するという行為に対して、当然反論も多くある。例えば、カトリックにおいては「受精の瞬間から人である」と考えられている。したがって、胚の研究利用には、絶対的な反対を見せている。一方、プロテスタントは「人格は徐々に形成されるもの＝初期胚に人格はない」という立場から、胚の提供や研究利用など広範に認めている。儒教では、「胚には現実の人格を持つ意義のある存在は備わっていない」という考えから、胚の研究利用は原則的に認められている。そもそも「受精卵」は、人なのだろうか、単なる物なのなのだろうか。もしくはこのような「分類行為」は意味を持たないことなのだろうか。

因みに、日本では受精して14日以内であれば、実験に使用して良いということになっている。そして、日本の法律では、「受精卵」は「生命の萌芽（ほうが）」と表記されている（「ヒトに関するクローン技術等の規制に関する法律」〔2001年12月5日施行〕附則第二条)。「萌芽」とは「物事がはじまること、また、そのもとになるもの」という意味である。しかし、そこには、「生命体としての可能性はあるが、それはまだ生命体ではない、人としては認められない」という意味が隠れているように思われる。「萌芽」という言葉が、どこかぼんやりとしたものに感じられるのは筆者だけであろうか。「受精卵」を「生命の萌芽」という曖昧な表現で覆い隠すことで、そこに潜む生命体としての実像が見えにくくなっているのではないだろうか。「生命」とは何を指すのか、それは「生命体」とは異なるのか、その点も不明確である。

※

さて、熊楠が粘菌を「精液（精子・卵子・受精卵)」に例えたことは既に述べた（第49回〈萃点とは(3)―萃点の見出し方―〉参照)。また彼は、当時（今も）植物か菌か動物かまだはっきりしていなかった粘菌を、昭和天皇へ献上した『粘菌標本進献表』において、自信と勇気をもって「原始動物」と記した。表啓文（ひょうけいぶん）の冒頭で「粘菌の類たる、原始動物の一部に過ぎずといえども……」と記している。当時の生物界が、その分類に迷っていたときに、熊楠は粘菌を「動物」だと言い切ったのだ。これは、現在で言えば「受精卵」を「生命体」である、と言い切るのと同じようなものかもしれない。

勿論熊楠も、粘菌が微妙な生物であることは分かっていた。当時の宮内省生物学御用掛であった服部広太郎という人物は、「粘菌を『動物』と呼ぶのは時期尚早である」と、熊楠に強く反論した。それでもなお熊楠は、それを「原始生物」という曖昧な言い方で片付けてしまったら、「この生物の研究のもっている重要な意味がなくなってしまう」と考え、「原始動物」で押し通そうとした。熊楠は、原形体の持っている外側からは見えにくい「欲望」つまり「他者を捕食する性質」にこそ、我々は着目すべきで、研究すべき事柄だと考えていたのである。一見痰のようで「死物」に見える原形体。その中に潜むドロドロとした生の「欲望」——。これこそ粘菌のもつ、大きな特異性なのである。

第 51 回
萃点とは (5)
—複雑に絡み合う場—

生命学者・森岡正博は、『生命観を問いなおす エコロジーから脳死まで』（ちくま書房 1994 年）において、「……『生命の欲望』を満足させるツールとして発展してきたのが、近代の科学技術でした。……私たちはそれを、現代社会のなかに受け容れ、そのうえに立って快適な生と欲望の満足とを追求することができるのです」（p.192）と述べている。また人間の「生命」には、「他の生命や、他の人間たちを犠牲にし、利用し、搾取してもさしつかえないと考える本性」（p.203）があることを主張している。

現代人は、このような「生命の欲望」を決して露（あら）わにしない。しかしその内側には、他人を犠牲にし、利用し、搾取しようとする「欲望」を、確実に潜ませている。筆者は、決してこの「欲望」を否定しているのではない。——これが科学技術と出会い、それに取り込まれてしまったときに問題は、起きるのだ。

「受精卵」は、受精するための母胎という「場」を利用し、その後分裂を繰り返し、母胎から栄養を搾取し成長し、この世に生まれ出ようとする力がある。また母親もそれを望み、了解している。この両者間には、通常何も問題は起きないだろう。問題は、その「生命の欲望」が科学技術に出会い、奪われたとき生じる。つまり、それは例えば「受精卵」をバラバラに破壊して ES 細胞などを作成することである。

因みに、他者を利用し搾取する「欲望」だけが、決して我々人間の本性ではない。人間は「他者へ入り込み一体になりたい」「交わりたい」という本性を持っていることも確かである。「自己」と「他者」、「区別」

と「統一」など相対する（ように見える）、さまざまなものを含みつつ人間は生きている。我々は、これまで見過ごされがちであった、もしくは公には語られることの無かった、生命体の持つ複雑で強力な「欲望」「意志」「本性」を、その内側からとことん追究していかねばならない。その際、「受精卵」を「萃点」として考えることは、非常に有効な手段となり得るのではないだろうか。

またES細胞技術以外にも、「受精卵」をめぐる事柄において、もう一つ忘れてはならない問題がある。それは「受精卵診断」についてである。この技術は近い将来、病院で普通に行われるようになるかもしれない。この医療技術における最大の問題は、診断により「障害」や「異常」が見つかると、それらを徹底して「排除」してしまうということである。この、「異質なものたち」を「排除」し、できるだけそれらとの出会いを避けようとする思想が、現代の生命科学の根底にはあるように思われる。このような「排除の論理」は、「異質なものたち」との出会いや交わりを無くし（「縁」を無効化し）、結果、そこから創造的（クリエイティブ）な新しい事柄を起こさせる可能性を奪うことにつながる。

筆者は、このように現代における「生命」の問題において、さまざまな事柄が交差する点が「受精卵」だと考える。さらにそこにはES細胞技術だけではなく、遺伝子治療、動物と人間の胚の混合、臓器移植などの技術的な面も複雑に絡み合っているのだ。このような点からも、「受精卵」が現代の「生命」の問題における「萃点」だと言うことは、決して間違いではないと考える。

「受精卵」を「萃点」と考えた場合、必然的に「生命」の始まりと終わりという問題を考えることになる。そして、受精した瞬間から「生命」の始まりだと考えるカトリックから、円環的生命観を持つ仏教まで、さまざまな宗教の死生観が浮き彫りにされてくる。このように「萃点」の思想に基づき、今後我々は、「受精卵」や「生命」の始まりに関するさまざまな宗教の考え方と歴史を比較しつつ、その関連性を考察していかねばならない。

第 52 回

生命の基層へ (1)

―個別的生命の帰還先―

我々人間は、他者から区別された、交換不可能な「個人」として生きている。近代合理主義は、この「個別化」を徹底的に押し進めたと言えるであろう。もし、自己と他者との境界が不鮮明になり、自己の主体性が他者の主体性として、あるいは他者の主体性が自己の主体性として感じられるとすれば、そのような人は「病者」（例えば統合失調症者）の「烙印」を押されてしまう。

統合失調症の症状として例えば、自分の一切の行動が他者によって操られていると感じてしまう「被影響体験」や、自分（他者）の考えが全て他者（自分）に筒抜けになっていると感じる「思考伝播」、周囲の出来事や他人の行為全てが自分に向けられていると感じる「関係念慮」などがある。これらは、全て自己と他者との境界が不鮮明になっている事柄として捉えることができる。

しかし、この自己と他者との境界が不鮮明になっている場こそ、実は、「生命の基層（母胎）」とも言うべき「根源的な場」に最も近い場所なのではないだろうか。C.G. ユングであれば、この自他不鮮明の場を「集合的無意識」と言うかもしれない。統合失調症の「患者」は、かつて自己設定されていた場所へ戻ろうとして苦しむ。自他が明確に区別された場所に居ることが「現代社会」においては「正常」なこととされているからである。自己と他者との区別が不鮮明な場所に留まることは「異常」なこととされる。しかし、もし自己と他者との区別が不鮮明な場が「根源的な場（自他が完全に融合した場）」に最も近い処であるとしたら、「異常」を有しているのは、自己と他者との区別を徹底化し、そこに安住している（「生命そのもの」を忘却してしまっている）「我々」の方なのではないだろうか。

なぜ自己と他者とが完全に融合した場所が「生命の母胎（根源的な場）」と言えるのか。筆者はこれまで何度も「統一→分裂→区別→帰還→統一……」の無限循環を、生命の実相と述べてきた。つまり、「根源的生命の母胎」とは「統一」のことであり、我々はこの「統一」へ帰還しようとする（帰還したいと願う）欲望を持っているのである。S. フロイトの言葉を借りれば、それは「死の欲動」ということになるかもしれない。

フロイトによると、他者から区別された、交換不可能な「個人」＝「形態を持った生命体」が発生する以前は、「死」であり、我々はそれを求める「欲動」を持っているという。つまりフロイトの論に従うと、個別性を解消した行き先は、「死」であるということになる。しかし、この「死」は「生」の単なる終焉（しゅうえん）を意味するのではなく、「生命一般（生命それ自身）」に関わるものであり、再び「生」の創造へとつながるものでもある（この「死の欲望」については次回詳述する）。一方、精神医学者のヴァイツゼッカー（Viktor von Weizsäcker 1886 〜 1957 年）は、

> 生命それ自身はけっして死なない。死ぬのはただ、個々の生きものだけである。
>
> （V.v ヴァイツゼッカー著、木村敏・濱中淑彦訳『ゲシュタルトクライス—知覚と運動の人間学—』みすず書房 1975 年 p.3）

と述べている。つまり、ヴァイツゼッカーは、個々の生き物が生まれ、死んでいく「根源的な場所」を「生命それ自身」と見ていたのである。この「生命それ自身」という言葉は、生きとし生けるものの脈々と続く、まさに生き生きとした「生命活動」として捉えることができる。あるいは、それは全ての「根源的な場」と言うこともできるであろう。

「死」には「生」が付きまとい、「生」には「死」が付きまとう。個別

的生命の帰還先——そこは、「生」と「死」を超越した場所、いわば、禅でいうところの「父母未生以前」の場所なのである（因みに熊楠は、そのような場所を「（大日如来の）大不思議」と呼んでいる）。

第53回

生命の基層へ(2)
―フロイトの「死の欲動」について―

フロイトの「死の欲動」論に従えば、他者から区別された、絶対に交換不可能な「個人（形態を備えた生命体)」以前（あるいは、個別的生命の帰還先）は「死」であり、我々はそれを求める「欲動」を持っているということになる。つまりフロイトは、個別性を解消した行き先は、「死」であると考えていた。フロイトは、

> 以前のある状態を復元しようとする、生命ある有機体に内在する衝動は、ひとつの欲動ではないだろうか。
>
> (S. フロイト著、小此木啓吾訳「快感原則の彼岸」『フロイト全集 6』人文書院 1970年 p.172)

と述べ、さらに

> 例外なしの経験として、あらゆる生き物は内的な理由から死んで無機物に還るという仮定が許されるなら、あらゆる生命の目標は死であるとしかいえない。
>
> (同書 p.174)

と説明する。この説明は非常に分かりづらい。なぜなら、個別性を解消した帰還先が「死」であるならば、もはやそこからは何も生じないようなイメージを受けるからである。しかし、それは我々が「死」というものを単に無機的なもの（あるいは有機的なものより「下位」のもの）として捉え、かつ「生」と断絶したものとして考えているからである。

「死の欲動」とは、簡単に言えば、他者を攻撃し破壊する、あるいは自己を抹殺して「死」へと至らしめるような衝動である。他者を攻撃し消し去ることは、自己が消えることも意味する。自己を消し去ることは、他者を消し去ることを意味する。なぜなら、自己は他者があって初めて自己たり得るのであり、逆も然りだからである。自己と他者とが共に消え去ることとは、両者が区別される以前に帰還することを意味する。つまりフロイトは、「死」を、単なる無機物になることというより、「個別的生命発生以前の状態」へ帰還することとして捉えていたと思われる（現にフロイトは、「以前のある状態を復元しようとする……」と述べている）。要するに、「死の欲動」とは、「生命の基層への帰還欲求」と言い換えることができるであろう。

「生命の基層（根源的場）」とは自他未分化の「統一」状態であり、そこから再び自己規定は成される。自己規定とは、自己から他者を「分離」することであり、そのことによって両者は「区別」される。人は、何らかの理由でこの「区別」が明確に行うことができなかった場合、精神的な「病」に陥る。改めて言うまでもないかもしれないが、病に「 」を付けたのは、それが近代合理主義に、いわば毒された社会においてのみ、そう思われているからである。

我々人間には、この「統一」状態へ帰還したいという欲求と共に、頑なまでに自己（を他者と区別し）守ろうという意志を持っている。このいわば「重層構造」こそ、人間の特殊性とも言える。我々は、この微妙なバランスを保ちつつ生きているのである。例えば、ナチスに代表される全体主義とは、このバランスが崩れ（極端に偏り）、極めて自己と他者との「区別」が曖昧となり、それが「集団」として形成されたものだと言えるかもしれない。

また例えば、渡り鳥が、美しい群れを成し飛ぶ場合、そこには個々が飛ぶという行為においては自己を保っているが、群れを為し同一方向に飛ぶという行為においては、自己と他者とは別の、いわば「自他未分化の統一状態」における意志のようなものが働いていると思われる。群れを成す動物の場合、概してこの「自他未分化の統一状態」からの力が強く働いていると言える。人間の場合､「集団」がまるで一個人のようになった場合、その「個別性」を守るために、今度は他の「集団」を明確に「区別」し、時に排除しようとすることがある。それこそまさに、ユダヤ人の迫害・ホロコーストの悲劇であったとも言えるのではないだろうか。

他者を排除することが、自己の消失になること（逆も然り）は、決して人間「個人」だけに関わることではなく、「集団」の在り方にもつながることなのである。ナチスは結局ユダヤ人を殲滅させることはできなかったが、もし仮に、それが完遂されていたとしたら、ナチスはそのアイデンティティを失い、内部崩壊していたであろう（他者の消失は、自己の消失でもあるのだ)。

ともかく、我々人間は「個別化」を目指す一方､「生命の基層」へ「帰還」しようともする､特殊な「重層構造」をもった存在者であることを、まずは理解せねばならない。

第 54 回
生命の基層へ (3)
―「根源的な場」について―

熊楠は、生命の「根源的な場」（自他未分化の「統一」状態）についてどのように考えていたのであろうか。熊楠は「心」と「物」を例にとり、両者のようないわば「異質なものたち（各々が区別された別々にあるものたち）」が交わる場を「事」あるいは「事不思議」と呼んだ。では、この「事不思議」が、「根源的な場」であろうか――。いや、そうではない。「事不思議」という領域は、あくまで自己と他者とが「交わる（cross する）」場であって、両者の区別がなくなり「融合する（unite する）」場ではない。

熊楠は「心不思議」「物不思議」「事不思議」のさらに上位に「理不思議」という領域を見出した。この「理不思議」こそ「根源的な場」であろうか――。否、これも違う。「理不思議」において自己は、自他が融合した場に片足を踏み入れながらも、そこではまだ自己を何とか保っているのである。そこは、言うなれば「全体（集合）的な」意志のようなものが最も前面に押し出されながらも、自己＝「個」が辛うじて保たれている場である。それは、前回（第 53 回〈生命の基層へ (2)―フロイトの「死の欲動」について―〉）述べたような、渡り鳥が群れを成して飛ぶ場合に似ている。渡り鳥は、個々各々が飛ぶという行為において自己を保ちつつ、群れ（形）を成して同一方向に飛ぶという行為においては「自他未分化な統一的な場」からの強い意志のようなものが働いている。それは「個的生命」を超えた（包み込む）「生命そのもの」からの力と呼んでも良い。

渡り鳥という動物に限らず、人間においてもそのような状態は見られる。前回述べたナチスのように、歴史的な特異事例を挙げずとも、もっと身近な事柄で説明することも可能である。例えば合奏（オーケストラ）においては、各演奏者は個々の楽器が奏でる音を意識し演奏しながらも、その演奏は「音楽全体」の流れに導かれてもいる。演奏者たちは「音楽全体」に通底する「力」に身をまかせつつ「個」のパートを演奏するのである。人間は、概してそのような「場」においてクリエイティブな何かを「やりあて」る（熊楠の造語：偶然の域を超えた発見や的中、成功などを成し遂げるという意味）ことができると思われる。「やりあて」を目の当たりにした者は、その事柄に圧倒・圧巻される。

熊楠は、以下のような興味深い事例を挙げている。

> されば数量の学識、万物に及ぼさぬ今日は tact（何と訳するか知れぬが、練熟能ともいうべきか、石切り屋がよそむきて話しながら臼の目を規則どおりに角度正しく切り、何の音調の定則も譜表も持たざる芸妓が、隣人のくだまく声に合わせて三線を鼓するがごときを tact という）ということ、もっとも肝心なり。東洋のことには tact まことに多し、西洋人にはこのこと少なし。
>
> （1911.10.25 柳田國男宛書簡『全集 8』p.220）

熊楠は上記で「即興音楽（そっきょうおんがく）」の話をしている。それは特に楽譜など無くとも、隣の人が歌うとそれに合わせて三線を弾くことができる芸妓（げいぎ）がいるというものである。熊楠は上記で「tact」という我々には普段あまり聞きなれない言葉を使っている。「tact」とは「臨機応変の才」あるいは「適否を見定める鋭い感覚、美的センス」などのことである（因みに熊楠は、この「tact」を何と訳したらよいか分からないと嘆（なげ）いている）。この「tact」を発揮するにはどうすればよいのだろうか。これは、筆者がこれまで何度か述べてきた「やりあて」のプロセスから説明することができる。

まず、芸妓は、今まで聴いたこともない隣人（及び隣人の歌声）の内部に、引き込まれるように入り込む（indwelling）。同時に主客合一のまま（人間が自己を保持し生きようとする限り、その状態に永遠に留まることは決してできない。従って、ここで言う主客合一とは瞬間的なものだと言える）、芸妓は隣の人の歌の音調を一瞬早く察知し（ひらめき）、うまく演奏することができる（「やりあて」る）のだ。

ともかく、芸妓という「個人」は「音楽全体（隣人の声やメロディー）」に通底する「力」に身をまかせつつ（導かれながら）、さらに、そこからはみ出ないようにしながら、しかも自分自身の三線をも意識し演奏するのである。

第55回

生命の基層へ(4)
―熊楠の「大不思議」論―

自他が融合した（両者が未分化な）「根源的な場」に触れながらも、まだ辛うじて自己であり得ることが可能な場、これこそが熊楠の言う「理不思議」という領域であった。熊楠は、この「理不思議」までは何とか人智によって考究可能であると考えていた。そこは「根源的な場」に片足を入れながらも、もう片方の足は未だ「現実世界（個的生命が実際に生きている場）」にある処である。「現実世界」に居るということは、自己をまだ保持しているということである。自己が残っている以上、考察の余地も残っているのである。しかし完全に「根源的な場」に全てが浸ってしまった時、もはやそこには考察の余地すらない。

このような「理不思議」に入っているという特殊な状態が「病」（統合失調症など）と異なるのは、その人が、この特殊な場からすぐに自己へ戻ることができる（再び自己設定ができる）という点である。前回（第54回〈生命の基層へ(3)―「根源的な場」について―〉）挙げた事例で言うと、隣の人が歌う声に合わせて三線を弾くことができる芸妓は、隣人の歌と自分が弾く三線の「音楽全体」が終了すると、もとの自己へと戻る。「戻る」という言い方は非常に微妙なのだが（なぜなら、人間が本来帰還すべき処は「自他未分化な根源的な場」であるはずだから）、ともかく、演奏終了と同時に、再び自己（芸妓）と他者（隣人）とは分かれる。そして芸妓は再び隣人にお酒を注いだり、飲んだり、話をしたりなど、遊びに興じることであろう。しかし統合失調症者の場合、この自己設定が極めて困難になっている。「戻る」べき自己と他者との「区別関係」を見失っているからである。「病」に罹（かか）る以前は、意識などせずとも簡単にできていた「自己設定」が、何らかの理由でできなくなってしまっているのだ。「以前はできていた」という点が、患者を苦しめるのである。いや、正確に言うならば、個別化を徹底化した、この「現代社会」が患者の苦しみを生み、さらにそれを助長するのである。「患者」は、以前には確かにあった自己と他者との「区別」を知っているが為に、そこに「戻ろう」と苦悩する。もともとそのような「区別」を知らなければ「戻る」必要もない。

「自他未分化な（融合した）根源的な場」——熊楠は、それを「大不思議」（あるいは「大日如来の大不思議」）と名付けた。そこには「区別」も「対立」もない。規定されるべきものは何もない。つまり「無」である。そして「無」であると同時に、全ての要素が充満している場である。人間の知（特に近代科学的な知）は、到底そこにたどり着くことはできない。あくまで「想定の場」である。想定しかできないが、必ず在る場である。それは個的生命の生きている「根拠」なのである。

熊楠は「大不思議」を「大日如来そのもの」であるとも言う。熊楠は、「万物悉く大日より出、諸力悉く大日より出る（1902.3.26（推定）土宜法龍宛書簡『高山寺資料』p.275）と述べ、さらに「万物みな大日に帰り得る見込みあり（前掲書簡続き『高山寺資料』p.275）」と言う。「万物」とは、いわば「物」や「心」といった、それぞれが別々の性質を持ったものたちのことである。熊楠は、そのようないわば「個」は、全て「大日」（大不思議）から分かれ出ると言うのだ。そして「大日」（大不思議）から生じ、自己設定された「個」は、最終的には再び「大日」（大不思議）へ帰還するという。

つまり、熊楠の言う「大日」（大不思議）こそ、「個的生命の基層」＝「生命そのもの」なのである。それは「個」の生命活動のレベルを超えた処にあって、客体として視覚的・対象的に捉えることはできない。しかし、我々生物としての人間は、この「根源」とつながっている。この「つながり」＝「関係」こそ、我々が最も熟思しなければならない事柄なのである。

第56回

生命の基層へ(5)
—なぜ「分離」するのか—

熊楠の言う「大日」(大不思議)こそ、「根源的な場=生命それ自身」である。そこは「無」であると同時に全ての要素が含まれている場である。「区別」も「対立」もない場である。そしてそこから「個」を持った「万物」は発生する。そして再び「大不思議」へ復帰する。

終て、無終始の大日金界に復するの見込みは之れなきもの一つもなし。

(1902.3.25付土宜法龍宛書簡『高山寺資料』p.262)

「大日」あるいは「大日如来の大不思議」に、人間の知は到底たどり着くことはできない。知とは「自己」を持っていなければあり得ず、「大不思議」においては「自己」と「他者」とは、もはや完全に融合してしまっているのである。故に、その場を知によって分析的(ロゴス的)に捉えることなど不可能なのである。

問題は、なぜ「万物」はこの「大不思議」から分離・発生してしまうのかということである。我々は、なぜ「無でありつつも全てが充満する場」に留まることができないのだろうか——。この問題は、「神」が人間をこの世に創り給うた理由は何かということにもつながるであろう。

「神」が「神」たり得るために、「神」は人間を創ったのであろうか。「神」は人間が居なければ「神」と認定され得ない。「神」と区別された人間が居るからこそ「神」は「神」たり得るのである(「神」の力を行使できるのである〔人間に「啓示」できるのである〕)。別に人間から認識されなくても良いではないか、人間などから認定されなくても在り得る「神」こそが、まさに「完全無欠」の「絶対者（神)」なのではないか、そう考えることも可能であろう。人間に、いわば付きまとわれている「神」は本当に「絶対者」なのか――。このような疑問は、あまりにも不敬であろうか。

しかし熊楠は、哲学者の J. ミル（John Stuart Mill 1806 ～ 1873 年）の言葉を挙げ、もしそのような「不完全な神」を拝さなかった罰として地獄に落とされるならば、そのような地獄など恐るるに足らぬ所だという意見に賛成を示している。

> 今ここに一大自在主ありて、自ら吾れを拝せよ、拝せずば地獄にやらんといはば、予は拝するの理由なき限りは慎で地獄に往んと。左様な非理なことでやらるる地獄は正きものに非ず、懼るるに足らぬをいふうなり。
>
> （1902.3.23 付土宜法龍宛書簡『高山寺資料』p.257）

何のために「万物」は「大不思議」から分離するのか。この明確な理由は分からない。「統一」が在るためには「分離・区別」という契機が必要だから（逆も然り）としか言いようがないようにも思われる。

> 大日何の為めに此擾々たるものを生じて自ら楽しむかといはば、何の為めといふことなしといふの外なし。
>
> （同前書簡『高山寺資料』p.265）

人間の知が及ばない以上、そして我々が生きている以上、「大不思議」のことは分からないのである。とにかく、我々は「大不思議」という「統一」から「分裂」して生まれ、自己と他者とを「区別」し、自己設定を行う。そして再び「無終始の大日（大不思議)」へ復帰する。熊楠も言うように、そこへ復帰する可能性は全ての「個」に備わっているものなのである。重要なことは、このような無限運動（統一→分裂→区別→帰還→統一→……）こそが「生命の実相」であると知ることなのである。この運動（関係）を知らなければ、いつまで経っても我々は近代科学主義的な「生命」の見方、つまり対象を視覚的に分析する方法から抜け出ることはできない。そのような見方（方法）は、「生命」の起源を、結局物質的なものに還元するだけであろう。そのような見方から「自己―他者」「生―死」を真に理解することはできないのである。

第 57 回

生命の基層へ (6)
—熊楠が「大不思議」を構想し得た理由—

熊楠による「大不思議」に関する言葉は多くはない。しかしそれでも、熊楠が「大不思議」という、いわば「生命そのもの」あるいは「根源的な場」を熟思し得たことは実に興味深い事柄である。熊楠がこの「大不思議」という領域を構想するに至った理由は何だったのだろうか。

熊楠が「南方曼陀羅」及び「大不思議」について、土宜法龍宛書簡において熱く語っていた頃、彼は『華厳五教章』や、ユダヤ教に基づいたカバラに関する書物、さらにはマイヤーズの『ヒューマン・パーソナリティー』という心霊現象研究に関する書物を熱心に読んでいた（マイヤーズ及び『ヒューマン・パーソナティー』については、第 17 回〈近代科学とオカルト〉参照)。しかし、もしこれらの書物から「大不思議」に類似する記述を見つけたとしても、「熊楠はこの書籍のこの記述を参考に『大不思議』という事柄を考え出したのだ」と単純に結論を出すべきではない。熊楠がこの「大不思議」を胚胎した理由は、もっと奥深く、彼の人格や那智山における経験などが大きく関係しているのである。とは言え華厳思想が熊楠に与えた影響がかなり大きかったことは強調しておかねばならない。特にその「理事無礙法界」「事事無礙法界」の考えは、熊楠の言う「理不思議」「大不思議」と非常に似ており、これらの関係は今後十分に調べる必要がある。

筆者は、熊楠は極めて「統合失調症」に親和性のある人間であったと考えている（あくまで、筆者自身の見解であるが)。つまり彼は、自己と他者との境界が不鮮明になる場に、ふとした瞬間にすぐに入り込んでしまうような気質を有していたのである。いや基本的にはその場に、常に立っていた。不鮮明さは「一様」ではなく「グラデーション」と言うべきであろう。境界線がまだ分かる処からほとんど分からなくなる処への「グラデーション」である。自他が完全に同一化・融合してしまえば、当然その境界線は消えて無くなる。

熊楠は、身近な人物に対して（特に夢の中においては）、ほとんど同一化していたように思われる。彼はしばしば近親者の死を「予知」しているが、それは夢に見て的中させる（「やりあて」る）ことが多かった。自己と他者との区別が不鮮明になる領域、それをC.G.ユングに言わせるならば、「集合的無意識」ということになるであろう。熊楠は、この「集合的無意識」の領域において、近親者と交感し、その死なども、まるで統合失調症者の「思考伝播」のように感じ取っていた。熊楠には気を抜くと、そのまま自他融合の場＝「無」へと呑み込まれてしまう可能性があった。そのような強烈な「不安」のため、彼は普段、過剰なまでに（意識して）「自己」を強く持とうとさえしていた。

自他融合の場と自他が区別された場とに浸透する処――この微妙で絶妙な位置が、熊楠の言う「理不思議」であった。つまり、この「理不思議」こそ、「大不思議」と「現実世界」との「通路（パサージュ）」なのである。熊楠が「大不思議」という「生命そのもの」あるいは「根源的な場」を想定し得たのは、彼がこの「通路」に立てたからでもある。

基本的に、熊楠の常態は「理不思議」に居ることであった。しかし、近代的社会構造が時に彼を自他が区別された場へと引き戻す。熊楠はその時「理不思議」と「大不思議」とをある意味冷静に見、自分の常態がこの社会においては「異常」とされていることに気付いていたのである。

我々は普通、「大不思議」どころか、「理不思議」にすら辿（たど）りつくことができない。勿論、人間が生物である以上、そこへ辿りつくことは可能なのだが（事実、動物はほぼ常にこの領域に居ると思われる）、それでもなかなか難しい。それはおそらく、現代社会（近代合理主義的社会システム）によって、自己と他者とが強力に引き離されているからであろう。「個」であり続け、それを守ることこそ現代社会においては最も重要視され、またそれが「正常」とされているのである。自他の区別が不鮮明な場に留まると、その人間は、社会から「病者」の烙印を押されてしまうことになるのだ。

第58回

生命の基層へ (7)
—熊楠が「自己」を保持できた理由—

熊楠は、顕微鏡を通して(「個的生命」を通して)、恐ろしくも美しい「生命そのもの」へと溶け込もうとしていた。

> 何となれば、大日に帰して、無尽無究の大宇宙の大宇宙のまだ大宇宙を包蔵する大宇宙を、たとえば顕微鏡一台買うてだに一生見て楽しむところ尽きず、そのごとく楽しむところ尽きざればなり。
>
> (1903.7.18 土宜法龍宛書簡『全集 7』p.356)

この言葉からも分かる通り、熊楠は「大日(大不思議)」=「生命そのもの」へ帰還する方法を知っていたようである。つまり、彼にとっては、顕微鏡一台さえあれば「根源的な場」を覗(のぞ)き込むことができたのだ。自己も他者も、全てを包蔵する大宇宙——「自他未分化(融合)の場」を覗き込むことができたのだ。しかし、それはあくまで覗き込むだけである。熊楠が生きている限り(自己を保持する限り)、そこへ完全に溶け込むことは不可能なのである。

熊楠は、そこを覗き込み、顕微鏡を通じて「生命そのもの」から流れてくる言語化不可能な大いなる力を感じ、つかみとっていたに違いない。熊楠にとっては、このような作業が無情の「楽しみ」であると共に、極めて「危険」な作業でもあった。少しでも気を抜けば、「自他不鮮明な場」から出られなくなる可能性さえあったからだ。我々の場合、気を抜けば、自己と他者とに分離してしまう。両者が不鮮明になる場へ行くには相当な集中力と持続力がいる。しかし、熊楠の場合我々とは逆に、常に気を張って自己を保とうとしなければ、その「場」から出られなくなってしまうのだ。さらに言うならば、「統一」あるいは「無」に呑み込まれかねなかったのだ。この点が、南方熊楠という人物の、我々とは大きく異なる点であった。

熊楠の愛息・熊弥は17歳で統合失調症に罹った。統合失調症とは、端的に自己と他者との境界が極めて不鮮明な状態に留まる「病」である。不鮮明であるが故に「患者」は「思考伝播」などをリアルに経験するのである。熊楠が楽しみながらも恐れていた「自己と他者との区別が不鮮明になる場」から、熊弥は出ることができなくなってしまったのだ。

熊楠は、辛うじて自己を保ち、「狂人」ではなく「奇人」「変人」に留まることができた。それは、彼の約15年間に渡るアメリカとイギリスへの遊学経験のおかげかもしれない。熊楠はこの遊学を通じて、自己を保ち守る術を体得したのであろう。熊楠は遊学中、『ネイチャー』や『ノーツ・エンド・クィアリーズ』といった学術誌に、しばしば論文を投稿している。そして熊楠は、西欧の一流学者たちと、これら誌上で、あるいは書簡で、様々な論戦を繰り広げた。特に有名なものにオランダの学者・シュレーゲルとの「ロスマ論争」というものがある。この論争で熊楠はシュレーゲルを完膚（かんぷ）なきまでに説き伏せた。このような経験を通じて、熊楠の自己は（「自他不鮮明な場」から戻れるほどに）次第に強固なものになっていったのである。つまり熊楠は、西洋社会での生活あるいは西欧の学者たちとの論争を通じて、自己と他者とを明確に区別する、あるいは自己を全ての中心に置くような「近代的自我構造」を身につけていったのだ。

そのような熊楠でも、帰国後に籠った聖地那智山ではさすがにこの自己は稀薄になりつつあったようだ。

> 那智山に籠ること二年ばかり、その間は多くは全く人を避けて言語せず、昼も夜も山谷を分かちて動植物を集め…（中略）…那智山にそう長く留まることもならず、またワラス氏も言えるごとく変態心（サイキアトト）

> 理(リ)の自分研究ははなはだ危険なるものにて、この上続くればキ印になりきること受け合いという場合に立ち至り、人々の勧めもあり、終(つい)にこの田辺に来たり……
>
> （1911.6.10 〜 18『和歌山新報』掲載「千里眼」『全集6』p.7、p.10）

海外遊学によって、いわば自身の表面上の「ペルソナ（論理的・自然科学的な側面）」を鍛えた熊楠は、那智山において今度は自身の深層にある「アニマ（ドロドロとした猥雑で曖昧な側面）」と真剣に対峙(たいじ)していた。

そして、これ以上那智山に留まり研究を続ければ、那智山の霊性が、熊楠の自己の枠を溶解してしまい、もはや森や生物（他者）と同一化して自己へ「戻る」ことができなくなるのではないか、と熊楠を不安にさせたのである。そして熊楠は山を下り、旧知の友人がいた田辺へ移る。熊楠のこの選択は、おそらく正しかったであろう。――そして、田辺へ移った後、熊楠の周りには非常に個性豊かな人たちが多く集まってくるようになる。

第59回
生命の基層へ(8)
―zoé と bios―

近代的な自我構造（「個」を重要視する社会システム）によって、がんじがらめにされている我々人間は、いずれ「理不思議」にすら入ることができなくなるかもしれない。「大不思議（生命そのもの）」と我々個人とはつながっている。そうでなければ、個人の「生」はあり得ない。この「大不思議」と個人とをつなぐ（両者に浸透する）「通路（パサージュ）」＝「理不思議」の領域を、近代合理主義者は否定的にしか見ない。この領域に入ることができる者たち、例えば「巫女（みこ）」や「シャーマン」、「霊能力者」等は、現代においては大抵「うさんくささ」の目で見られる。人々は、何とかその「偽」を暴こうと、あらゆる科学的方法を用いて検証する。そして科学で証明できない場合、「偽」とされる。では近代合理主義にとって何が「真」なのか。それは、視覚化・対象化可能なものである。しかし、このような見方が、「真理」への道を閉ざしてしまうことを、我々は知らねばならない。

生命体の「構造」は、近い将来、先端科学医療技術によって余すことなく解明されるであろう。しかしそのような先端科学医療技術の視野にあるものは、あくまで視覚化・対象化可能な生命体の仕組み、もっとかみ砕いて言えばDNA・塩基配列だけである。先端科学医療技術は「生命そのもの」の本態を全く明らかにすることはできない。明らかにできないというより、最初からそのような不可視なものは、基本的に研究対象外なのである。

精神病理学者・木村敏（きむらびん）は次のように言う。

生命そのものは、物質や現象のように形をもたず、個別的な認識の対象にならない。それはいわば、個々の生きものやその「生命」のなかに「含まれ」ながら、しかもそれを超えている「生命一般」としか言いようのないものである。

（木村敏『あいだ』ちくま学芸文庫 2005 年 p.11）

木村がここで言う「生命そのもの」とは「自己と他者とが融合した領域」「根源的な場」「個別的生命の帰還先」、そして熊楠の言う「大不思議」のことである。それらは物質・現象のように形を持たないため、視覚化できない。木村は、それは「個」の中にありながらも、それを超えているという。それぞれの「個」の中には、「生命そのもの」が含まれている。個的生命が「生命そのもの」を想定するということは、「生命そのもの」が個的生命の内に「含まれて」いることだとも言える。しかし一方で、この「生命そのもの」は個的生命を超え出てもいる。超え出て大きく包み込んでいる。それは個的生命では捉えきれない普遍的・絶対的なもの（場）でもあるのだ。

この「生命そのもの」とは、ゾーエー（zoé）と言い換えることもできる。ゾーエーとは、あらゆる生物の生命の母胎であり、無限定な「生命それ自身」である。一方、「個々の生きもの」は、ビオス（bios）と言い換えることができる。ビオスとは、個別化された特定の輪郭を持ち、自己の生存と他者の生存とを区別する外観を表す言葉である。

「バイオテクノロジー（biotechnology）」や「バイオエシックス（bioethics）」という言葉は、このギリシャ語の「bios」を語源としている。つまりそれらは基本的に、個的生命を扱うものなのである。しかし（本書の初めにも述べたが）、筆者の目指す「生命倫理」とは、この「バイオエシックス」とは少々異なるものである（第２回〈生命倫理とバイオエシックス（bioethics）〉参照）。むしろ筆者は「ゾーエー」の方に主眼を置いて話を進めてきた。いわばそれは、従来の「バイオエシックス」

に対して、「ゾーエシックス」とでも呼ぶことができるものかもしれない。我々は、「ゾーエー（生命それ自身）」が個別化して、独自の「ビオス（個的生命）」として現われ出たものである。そして、自己と他者とを区別し、個別的な生を終えると再び「ゾーエー」へ帰還する。筆者は、この「統一→分裂→区別→帰還→統一→……」の無限運動の在り方を、これまでずっと念頭に置きながら論を進めてきた。この思考の先に「生命」に対する何か決定的な「答え」をすぐには見出すことはできない。ただ我々人間には、考え続けることだけが残されているのである。これは人間に与えられた「厄介（やっかい）な特権」なのかもしれない。もし我々が、考え続けることを止めることによって「動物」に戻ることができるならばまだ良い。しかし、人間が考え続けることを止め、さらに「個」に留まる（執着する）ことだけに執着したならば、そこには、乾ききった塊のようなものしか残らないであろう。

第60回

生命の基層へ(9)
―動物について―

「ビオス（bios）」とは元々、個別化された特定の輪郭を持ち、自己の生存と他者の生存を区別する外観を表す言葉である。神話学者・宗教史学者のカール・ケレニー（Károly (Carl, Karl) Kerényi 1897 ～ 1973 年）によれば、「ゾーエー（zoé)」とは「ありとあらゆる生きものの生」を意味し、一方「ビオス」とは「ある特定の生の輪郭、性格特徴、ある存在と他の存在を区別する外観」を意味するという。そもそも「ゾーエー」とは、あらゆる生きもの・生物・動物を意味する「ゾーオン（zoon)」を語源とする。

つまり簡単に言えば、「ゾーエー」とはあらゆる生物の生命の母胎であり、無限定（無区別）な「生命それ自身」のことである。一方「ビオス」とは「個々の生きもの」のことである。

人間とは異なり、特に群れをなすような動物は、この「ビオス」の意志よりも、全体の力あるいは「流れ」が強力に作用していると思われる。勿論各個体は、それぞれの意志を持っている。そうでなければ、各動物たちは空を飛んだり、海を泳いだりなどの行動は不可能であろう。しかし、動物においては、そのような個的意志を超えた集団的な意志（超個的意志）のような「何か」、言い換えれば「ゾーエー」の方がより強力に作用している。動物の群れの行動は、各個体の意志の単なる総和とは言い難い。古来、様々な動物の群れ（羊・牛・鼠など）で「集団自殺」が報告されている。例えば、ニュースなどでもよく報じられるようなイルカの集団座礁（ざしょう）などは、まさに「全体的生命」あるいは「生命それ自身」からの力によるものではないだろうか。各個体の意志だけを念頭に置いた場合、このような現象は、なかなか説明がつかないように思われる。

人間の場合、特に現代を生きる人間の場合、「ビオス」のみが重要視され、「ゾーエー」はほとんど眼中にない。そこには「ゾーエー」を重視することは、動物と同じであるという蔑視観（べっしかん）があるのかもしれない。我々には、人間は動物より「上位」である、という意識が常にある。いくら「動物保護」と言っても、それは人間優位の立場からの意見である。なぜ「保護」しなければならないかと問われれば、おそらく「かわいそうだから」という答えが返ってくるであろう。「かわいそう」というのは動物を、人間より「下位」に見ているからである。

しかし、果たして本当に動物は人間より「下位」なのか。当然、否である。むしろ動物の方が「生命の母胎（ゾーエー）」に近いものとして尊敬される存在者ではないか。事実、古代においては、様々な動物が、神と人間との媒介者として崇拝されていた。いや、動物だけではない。人間も元来、この「根源的な場」に近い者は、神との媒介者として崇拝されていた。神の声を聞き我々人間に伝える、あるいは人間の声を神へと伝える者たちは最も崇められ畏れられてきたのである。それが現在では、そのような者たちは「病者」「異常者」とされてしまう。

神が人間を創り給うた理由――筆者は、それを神が神として、人間によって認定されるためであろうかと述べた（第56回〈生命の基層へ (5)―なぜ「分離」するのか―〉参照)。つまり、神と区別された人間が居るからこそ神は神たり得るのである。では、神が人間以外の「動物」を創った理由とは何であろうか。もしかしたら、そこには近代的自我構造にがんじがらめにされた人間への「戒め（いまし）」が含まれているのかもしれない。常に「理不思議（生命そのものと個的生命のせめぎ合いの中)」にいる動物は、人間に「本来の在り方」を思い出させるための、「語られぬ訓戒（くんかい）」なのではないだろうか。

エデンにおいて知恵の実を食べたが故に、アダムとエバは「羞恥心（しゅうちしん）」を持ち、両者は完全に「分離（区別)」されたという。さらにエデンを追放されたことによって、人間はエデン（「統一」、あるいは「生命の母胎」）へ「帰還」する願望を常に抱くようになった。しかし、現代に生きる我々人間は、このエデンすら否定しようとする。言い換えれば、視覚化できない、対象化できない「根源的な場」とのつながりを断とうとするということである。「それ」こそ、「個」を超越しながらも、「個」を「個」として成り立たせている「場」であるというのに。――我々は「それ」をもはや忘却してしまっているのである。

第61回

生命の基層へ(10)
―イエス・キリスト―

「生命そのもの」、熊楠の言葉で言えば「大日如来の大不思議」が形態を得て「個」として顕現したものが、「ビオス」である。我々人間も基本的に「ビオス」と言える。「生命そのもの」にすっかり溶け込みながら「個」であることは人間にとって不可能である。しかし、辛うじて「個」を保ちながら「自他融合の場」（＝無）に溶け込みつつある状態（にある者）に、我々は時として出くわすことがある。それが「統合失調症（者）」である。統合失調症者は、自己と他者との区別が曖昧になり「個」としての自覚が薄れ、全てが溶け込んだ場にほとんど足を踏み入れている。彼ら（彼女ら）は時として様々な「声」を聴き、様々な「もの」を視る。これはまさに自他の区別が溶解しつつある状態と言える。この極めて微妙な状態にある者たちは、現代社会においては「病者」として扱われる。しかし、近代より前は、そのような者たちは、むしろ「聖者」とされることが多かった。例えば、イエス・キリストは、まさにそのような者だったのではないだろうか。イエスは「不変なもの（神）」が形態（個）を得て現われた者であった。つまり「不変なもの」でありながらも「個」の形態を持っていたのである。

熊楠の言う「理不思議」が、日常世界と「大不思議」との「通路」であるならば、イエスは、その「通路」に立つ者であった。日常世界の者たち（我々人間）と神とをつなぐ「媒介者」であった。哲学者・ヘーゲルは、このような「事態」を以下のように表わす。

第一の不変なもの〔父〕は、意識にとっては、個別を裁く、見知らぬものであるにすぎない。第二の不変なものは、それ自身がある通りの個別性の形態〔子〕である。そこで、第三に不変なものは精神〔聖霊〕となり、自己自身を精神のうちに見つける喜びをもち、自らの個別性が一般者と和解していることを、意識するようになる。

(『精神現象学（上）』p.249)

「第一の不変なもの」とは神であり、いわば「生命そのもの」と言える。それは視覚化・対象化できない点において、遠く彼岸にある「見知らぬ」ものである。しかし「第二の不変なもの」によって、我々はこの「彼岸」を知り得ることができるようになる。「第二の不変なもの」とはイエスであろう。イエスとは神でありながら、「個別性の形態」を得ている人間でもある。つまり神と人間との間をつなぐ、あるいは両者に浸透する媒介者であると言える。イエス以外の人間は、我々と同じように「個」を持ちつつ「不変者」でもあるイエスを見、我々も神とつながっているのだという感覚を得る。我々がイエスという媒介者を通じて(「理不思議」という「通路（パサージュ）」を通って)、神（生命そのもの）を知ることができたとき、それは「第三に不変なもの」(＝「自他融合の場」に溶け込みながらそれを真に知るもの）となり得る。

ここで最も注視すべきなのは「第二の不変なもの」であろう。現代における、この「第二の不変なもの」の位置づけが重要な問題である。「聖者」と見るか「病者」と見るか――この差は大きい。しかし、この「第二の不変なもの」を、ただ単純に崇拝することも危険である。例えば、我々もよく知っている「オウム真理教事件」がそれを端的に表している。浅原彰晃という人物は、おそらく信者たちから「第二の不変なもの」として心酔・崇拝されていたのであろう。

フロイトの、いわゆる「死の欲動」論に基づけば、我々には全てを破壊して「無」に帰そうという欲動がある。しかし、人間にはそれに対するように「同種を殺してはいけない」という、これも人間に元来備わった（おそらく種の保存欲求に根ざす）性質がある。この調停困難な衝動が、片方に極端に偏った場合、「オウム」のような事件が生じる。ドイツ・ナチスの場合であれば、同種を保存しようとする欲求が極端に働き、ユダヤ人種の排除行動となったと言うことができるかもしれない。

「第二の不変なもの」を取り囲む環境こそ枢要である。「第二の不変なもの」は、それ自身としては極めて不安定な存在者である。その不安定な者をどこへ導くか、実はそれはその者を取り囲む我々（自他が区別されてある「個」たち）なのではないだろうか。

第62回

結
―「生命」を考究する道―

我々人間が、現代社会において正常に生きていくためには、「生命そのもの」＝「根源的な場」から立ち上がり、「自己設定（ポジション設定）」を行わなければならない。つまり自己と他者との区別を明確にしなければならない。両者の区別を曖昧なままにすることは通常、許されない。それが、我々の生きるこの現代社会なのである。

我々は、この「根源的な場」から分れ出て、自己として、個人として生きている。とはいえ、やはり我々はこの「根源的な場」に根ざしてもいる。「個的生命」を成り立たせる根拠、大きく包み込む場、そのような場を我々が考えることができる時点で、もはやその場と我々は関係を持ってしまっている。このような場を考えずに生きていくことは、おそらく不可能であろう。誰しも一度は「自分はなぜこの世に生を受けたのか」「自分は死んだらどこへ行くのか」等ということを考えるものである。人間以外の動物は、決してそのようなことは考えない（と思われる）。なぜなら、動物は「個別性」というものが極めて稀薄だからである。

動物たちは、人間と異なり、種の保存のためには自己犠牲を厭わない。古来、様々な動物（特に群れを成す動物）で自殺の例が報告されている（例えば、イルカの集団座礁については、第60回〈生命の基層へ (9)―動物について―〉で述べた）。それは、人間の自殺とは異なり、「生命そのもの」からの意志のようなものが強力に働いた結果だと言える。現代の人間の自殺は通常、自己の意志によるものであり、そこに「生命そのもの」からの力動はない（勿論、例えばカルト教団などにおける「集団自殺」などについては、多分に考察する余地はあるが）。

動物の個々の主体性は、「生命そのもの」に隠れるようにしてある。当然、筆者はそのことにより動物が人間より劣っていると言っているわけではない。むしろ逆である。動物のほうが、主体性（「個」という在り方）が希薄な分、より「生命そのもの」に近いと言える。人間のように、「生命そのものとは何か」など問うまでもなく、動物はそれを既に知っているのだ。人間も、もとはそうだったはずである。しかし、科学が発達するにつれて、人間は「個」を重視し、「生命そのもの」を忘却するようになってしまった。

現代の神経科学や認知科学は、「自己設定」の在り方や自己と他者との「距離」などを、全て脳の機能あるいは神経システムに還元して考える。このような、いわば唯物論的な方法に対するカウンターパートを模索することが、本書を通じて筆者が目指すものの一つであった。筆者は、南方熊楠という人物を媒介にして、ここまで「自己—他者」、「生—死」さらに、生命の「根源的な場」について述べてきた。

対象化可能な、合理化可能な「生命（ビオス）」の探究には、ゴールがある。近い将来、我々人間の「個的生命」の起源も、物質的には解明されるであろう。あくまで物質的に。しかし、「生命そのもの」は、客体化不可能、視覚化不可能であるため、科学技術だけでは決して明らかにされることはない。そうかと言って、哲学あるいは深層心理学によって、完全に明らかにされるものでもない。しかし、この「生命そのもの」を徹底的に考え抜くことをしなければ、我々人間という存在者は極めて無味乾燥なものになるであろう。

我々の考究にゴールはない。しかし考え続けなければならない。「生命そのもの」からの呼び声に反応し、その意味を問うことができるのは、幸か不幸か人間だけなのである。人間は、「生命そのもの」から分裂した自己を持つからこそ、「生命そのもの」を想定でき、また、それに対する問いを発することができるのである。「個的生命」と「生命そのもの」との「通路」——そこを見通すこと（そして「生命そのもの」を考え続けること）が、我々人間に課せられた宿命でもある。

完

<参考・引用文献>

・Weizsäcker, Viktor von ／邦訳：木村敏・濱中淑彦『ゲシュタルトクライス―知覚と運動の人間学―』みすず書房、1975 年
・小此木啓吾『フロイト思想のキーワード 講談社現代新書、2002 年
・笠井清『 南方熊楠』吉川弘文館、1967 年
・唐澤太輔「萃点の思想、その可能性について（2）」『飢餓陣営』2010 年
・唐澤太輔『南方熊楠の見た夢―パサージュに立つ者―』勉誠出版、2014 年
・河合隼雄『ユング心理学入門』培風館、1967 年
・木村敏『あいだ』ちくま学芸文庫、2005 年
・神坂次郎『縛られた巨人 南方熊楠の生涯』新潮文庫、1997 年
・神坂次郎『新潮日本文学アルバム 南方熊楠』新潮社、1995 年
・扇谷明、「南方熊楠のてんかん：病跡学的研究」『精神神経学雑誌』108 巻、第 2 号、2006 年
・鶴見和子『南方熊楠―地球志向の比較学―』講談社学術文庫、1981 年
・鶴見和子『南方熊楠・萃点の思想』藤原書店、2001 年
・Heidegger, Martin ／邦訳：大江精志郎『同一性と差異性』理想社、1960 年
・「ヒトに関するクローン技術等の規制に関する法律」（2001 年 12 月 5 日施行）附則第 2 条
・Blacker, Carmen ／邦訳：高橋健次、英国民俗学会機関紙『フォークロア』94 巻 2 号、1983 年（飯倉照平、長谷川興蔵編『南方熊楠百話』八坂書房 1991 年所収）
・Freud, Sigmund ／邦訳：小此木啓吾「快感原則の彼岸」『フロイト全集 6』人文書院、1970 年
・Hegel, G. W. F. ／邦訳：樫山欽四郎『精神現象学 (上)』平凡社、1997 年
・Polanyi, Michael ／邦訳：佐藤敬三『暗黙知の次元』紀伊国屋書店、1980 年
・Polanyi, Michael ／邦訳：高橋勇夫『暗黙知の次元』ちくま学芸文庫、2003 年
・南方熊楠「夢を替た話〔南方先生百話〕」『牟婁新報』1918 年（南方熊楠顕彰館所蔵）
・南方熊楠著／岩村忍・入矢義高・岡本清造監修、飯倉照平校訂『南方熊楠全集』1 ～ 10 巻、別巻 1、2、平凡社、1971 ～ 1975 年
・南方熊楠著／長谷川興蔵校訂『南方熊楠日記』1 ～ 4 巻、八坂書房、1987 ～ 1989 年

・南方熊楠「1902.4.2 土宜法龍宛書簡」『南方熊楠研究 7』南方熊楠資料研究会、2005 年
・南方熊楠著／奥山直司・雲藤等・神田英昭編『高山寺蔵 南方熊楠書翰 土宜法龍宛 1893 - 1922』藤原書店、2010 年
・南方文枝『父 南方熊楠を語る』日本エディタースクール出版部、1981 年
・森岡正博『生命観を問いなおす エコロジーから脳死まで』ちくま書房、1994 年
・柳田國男「南方熊楠」『近代日本の教養人』1950 年（『南方熊楠百話』所収）
・Jung, Carl Gustav ／邦訳：林道義『個性化とマンダラ』みすず書房、1991 年
・Lister, Gulielma ／邦訳：高橋健次「英国菌学会会報」第 5 巻 1915 年（『南方熊楠百話』所収）

唐澤太輔（からさわ・たいすけ）
早稲田大学大学院社会科学研究科修了。博士(学術)。早稲田大学社会科学総合学術院・助手、助教を経て現在、龍谷大学世界仏教文化研究センター博士研究員。

生命倫理再考 —南方熊楠と共に— <ヌース学術ブックス>（オンデマンド版）

2017年10月31日　初版発行

著　者　唐澤太輔
発行者　宮本明浩
発行所　株式会社ヌース出版
東京都荒川区東尾久 2-45-6-703
http://www.nu-su.com

ISBN978-4-902462-20-3